Walid Adli

Mécanique du Point : Concepts, Principes et Applications

Walid Adli

Mécanique du Point : Concepts, Principes et Applications

Éditions universitaires européennes

Imprint
Any brand names and product names mentioned in this book are subject to trademark, brand or patent protection and are trademarks or registered trademarks of their respective holders. The use of brand names, product names, common names, trade names, product descriptions etc. even without a particular marking in this work is in no way to be construed to mean that such names may be regarded as unrestricted in respect of trademark and brand protection legislation and could thus be used by anyone.

Cover image: www.ingimage.com

Publisher:
Éditions universitaires européennes
is a trademark of
Dodo Books Indian Ocean Ltd. and OmniScriptum S.R.L publishing group

120 High Road, East Finchley, London, N2 9ED, United Kingdom
Str. Armeneasca 28/1, office 1, Chisinau MD-2012, Republic of Moldova, Europe
Printed at: see last page
ISBN: 978-620-6-71280-0

Copyright © Walid Adli
Copyright © 2024 Dodo Books Indian Ocean Ltd. and OmniScriptum S.R.L publishing group

Avant-propos

Bienvenue dans cet ouvrage dédié à l'étude fondamentale de la mécanique du point matériel. À travers ces pages, nous vous invitons à explorer les différents aspects du mouvement, depuis sa description cinématique jusqu'à l'analyse détaillée des forces et des énergies en jeu. Ce livre, organisé en cinq chapitres distincts, vise à vous fournir une compréhension approfondie des principes et des lois qui régissent le mouvement des objets dans l'espace.

Dans le premier chapitre, nous plongerons dans l'univers de la cinématique, l'étude des trajectoires et des mouvements sans considération des forces qui les provoquent. Nous explorerons les concepts de position, vitesse et accélération, jetant ainsi les bases nécessaires à la compréhension des phénomènes dynamiques à venir.

Le deuxième chapitre se concentre sur le mouvement relatif, une perspective cruciale pour analyser les interactions entre différents objets en mouvement. Vous découvrirez comment décomposer les mouvements relatifs et comment cette approche facilite la compréhension des phénomènes complexes rencontrés dans la nature.

Dans le troisième chapitre, nous aborderons la dynamique, l'étude des causes du mouvement. Vous apprendrez les lois de Newton et comment les appliquer pour prédire le comportement des systèmes physiques soumis à des forces extérieures.

Le quatrième chapitre se penchera sur le travail et l'énergie, des concepts essentiels pour comprendre la transformation du mouvement et les échanges d'énergie qui s'opèrent dans les systèmes mécaniques. Vous explorerez les relations entre travail, énergie cinétique et énergie potentielle, ainsi que leurs implications dans divers contextes.

Enfin, dans le cinquième et dernier chapitre, nous plongerons dans l'étude des oscillateurs mécaniques. Vous découvrirez les caractéristiques des mouvements périodiques, ainsi que les principes sous-jacents aux oscillations des ressorts, et des pendules et d'autres systèmes oscillants.

Que vous soyez étudiant en physique, ingénierie ou simplement curieux des lois qui gouvernent le mouvement, cet ouvrage a été conçu pour vous offrir un parcours d'apprentissage clair et approfondi dans le fascinant domaine de la mécanique du point matériel.

Adli Walid

Table des matières

Chapitre I: Cinématique du point matériel

I.1 Introduction	7
I.2 Référentiels	7
I.3 Systèmes de coordonnées cartésiennes, polaires, cylindriques et sphériques	9
I.3.1 Coordonnées cartésiennes	9
I.3.2 Coordonnés polaires	10
I.3.3 Coordonnés cylindriques	11
I.3.4 Coordonnés sphériques	12
I.3.5 Abscisse curviligne	13
I.4 Vitesse d'un point matériel	14
I.4.1 Définition	14
I.4.2 Vitesse en coordonnées cartésiennes	15
I.4.3 Vitesse en coordonnées polaires	15
I.4.4 Vitesse en coordonnées cylindriques	17
I.4.5 Vitesse en coordonnées sphériques	17
I.4.6 Vitesse dans la base de Frenet	18
I.5 Accélération d'un point matériel	18
I.5.1 Définition	18
I.5.2 Expression en coordonnées cartésiennes	19
I.5.3 Expression en coordonnées polaires	19
I.5.4 Expression en coordonnées cylindriques	20
I.5.5 Expression dans la base de Frenet	20
I.6 Exemples de mouvements	21
I.6.1 Mouvement rectiligne	21

I.6.2 Mouvement circulaire	22
I.6.3 Mouvement hélicoïdal	24
I.7 Exercices résolus	25

Chapitre II: Mouvements composés et changements de référentiels

II.1 Introduction	31
II.2 Etude de la position	32
II.3 Etude de la vitesse	32
II.3.1 Référentiel R' en translation par rapport à R	33
II.3.2 Référentiel R' en rotation par rapport à R	34
II.4 Etude de l'accélération	35
II.4.1 Référentiel R' en translation par rapport à R	35
II.4.2 Référentiel R' en rotation par rapport à R	36
II.5 Exercices résolus	37

Chapitre III: Dynamique du point matériel

III.1 Introduction	42
III.2 Système matériel	43
III.2.1 Définitions	43
III.2.2 Centre d'inertie	44
III.3 Quantité de mouvement	44
III.4 Référentiel Galiléen	45
III.5 Lois de Newton	46
III.6 Différents types de force	47
III.6.1 Forces d'interaction à distance	48
III.6.2 Forces de contacte	51
III.7 Moment d'une force	53
III.8 Moment cinétique	54

   III.8.1 Théorème du moment cinétique   55

III.9 Exercices résolus   56

Chapitre IV: Travail et Energie

IV.1 Travail d'une force   64

IV.2 Exemples de calcul du travail   65

   IV.2.1 Travail de la pesanteur   65

   IV.2.2 Travail de la tension élastique   66

   IV.2.3 Travail de la force d'interaction gravitationnelle   67

   IV.2.4 Travail de la force magnétique   68

IV.3 Puissance d'une force   68

IV.4 Énergie cinétique : théorème   69

IV.5 Énergie potentielle   70

IV.6 Énergie mécanique   72

IV.7 Exercices résolus   73

Chapitre V: Oscillateurs Mécaniques

V.1 Introduction   79

V.2 Oscillateur harmonique   80

V.3 Exemples d'oscillateurs harmoniques   81

   V.3.1 Pendule élastique horizontal   81

   V.3.2 Pendule élastique vertical   83

   V.3.3 Pendule simple   84

V.4 Oscillateur mécanique amorti   85

V.5 Décrément logarithmique   89

V.6 Oscillations forcées   90

   V.6.1 Équation différentielle du mouvement   90

      V.6.1.1 Solution de l'équation différentielle en régime forcé   92

    V.6.1.2 Résonance d'élongation   93

V.7 Exercices résolus   95

Bibliographie   100

Cinématique du point matériel

I.1 Introduction

La cinématique du point matériel consiste à analyser le déplacement des objets matériels dans le temps, incluant leur position, la distance parcourue, la vitesse et l'accélération, sans prendre en compte les forces ou l'énergie qui influencent ou altèrent ce mouvement. On suppose que l'objet en question peut être considéré comme un point matériel, avec des dimensions négligeables par rapport à la distance qu'il parcourt. Il est important de noter que le concept de mouvement est relatif ; un objet peut être en mouvement par rapport à un référentiel et en repos par rapport à un autre. Ainsi, l'utilisation d'un repère est essentielle pour déterminer la position, la vitesse ou l'accélération d'un objet à un moment donné, en référence à ce repère. Différents systèmes de coordonnées sont définis en fonction de la nature du mouvement du point matériel, tels que les systèmes cartésien, polaire, cylindrique et sphérique.

I.2 Référentiels

L'étude du mouvement d'un point requiert la présence simultanée de ce point et d'un observateur qui analyse son déplacement. L'observateur joue un rôle crucial dans l'analyse du mouvement, car selon sa position par rapport à l'objet en mouvement, ses conclusions sur la nature du mouvement peuvent varier considérablement. Par exemple, dans le cas d'un TGV se déplaçant à une vitesse constante, un passager lâchant verticalement une bille conclura que la bille effectue un mouvement rectiligne, tandis qu'une personne sur le quai observant la même scène conclura que le mouvement n'est pas rectiligne, bien qu'il s'agisse de la même bille. Ainsi, le mouvement est toujours relatif à un observateur. Le mouvement d'un objet est nécessairement défini par rapport à une référence. Par conséquent, il est essentiel de définir ce qu'on appelle un référentiel ou un solide de référence, dans lequel l'observateur est considéré comme fixe. Un solide de référence est un ensemble de points tous fixes les uns par rapport aux autres. Par exemple, dans le scénario précédent, on peut choisir le TGV comme référentiel, avec l'observateur assis à l'intérieur, ou bien choisir le référentiel terrestre (composé de tout ce qui est fixe par rapport à la Terre) pour la personne restée sur le quai.

Par conséquent, nous pouvons affirmer que le mouvement d'un point est toujours dépendant d'un référentiel.

Il est important de noter qu'un référentiel peut être identifié par un nom spécifique. Par exemple, il est courant d'utiliser le référentiel terrestre pour les observations effectuées à la surface de la Terre. Dans ce cas, l'étude est effectuée par rapport à la Terre ou à tout ce qui est fixe sur Terre. Plus spécifiquement, on distingue les référentiels de Copernic (figure I.1), géocentrique (figure I.1) et terrestre, définis comme suit :

- Le référentiel de Copernic a pour origine le centre du Système Solaire, proche du centre d'inertie du Soleil, avec des axes orientés vers les étoiles dans des directions fixes par rapport au Soleil. Il est supposé galiléen.
- Le référentiel géocentrique a pour origine le centre de la Terre et ses axes sont alignés de manière parallèle à ceux du référentiel de Copernic
- Le référentiel terrestre se caractérise par son origine située sur un point de la surface de la Terre et par des axes qui restent fixes par rapport à cette dernière.

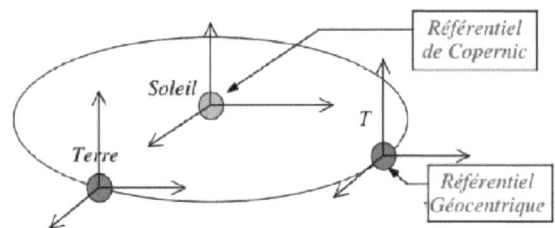

Figure I.1 Référentiels de Copernic et géocentrique.

Plutôt que de définir un référentiel par son nom, il est souvent convenu de le représenter par le symbole R associé à un repère d'espace et de temps. Une notation couramment utilisée est la suivante : référentiel $R(O, x, y, z, t)$. Lorsqu'on souhaite étudier de manière plus précise le mouvement d'un point mobile dans un référentiel R, il est nécessaire de définir sa position ainsi que des grandeurs vectorielles telles que le vecteur vitesse ou le vecteur accélération de ce point. Pour ce faire, il est nécessaire de choisir un système de coordonnées et d'utiliser la base correspondante.

I.3 Systèmes de coordonnées cartésiennes, polaires, cylindriques et sphériques

Pour rendre compte du déplacement d'un objet mobile M, il est essentiel de le localiser à tout moment à l'aide de son vecteur position. O représente l'origine du repère R choisi pour cette analyse. Le choix du système de coordonnées associé à cette origine dépend des caractéristiques particulières du problème étudié.

I.3.1 Coordonnées cartésiennes

Dans un repère spatial $\mathcal{R}(\vec{u}_x, \vec{u}_y, \vec{u}_z)$, soit M un point de cet espace.

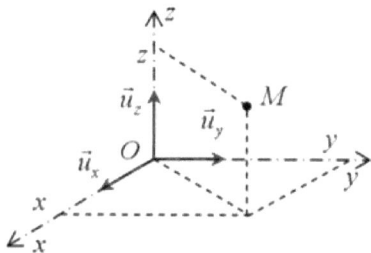

Figure I.2 Repère orthonormé à trois dimensions $\mathcal{R}(\vec{u}_x, \vec{u}_y, \vec{u}_z)$

Les coordonnées cartésiennes de M sont données par le triplet $(x, y, z) \in \mathfrak{R}^3$ tel que

$$\overrightarrow{OM} = x\,\vec{u}_x + y\,\vec{u}_y + z\,\vec{u}_z$$

Ici, (x, y, z) représentent les composantes du vecteur position $\overrightarrow{OM}$ dans la base cartésienne $(\vec{u}_x, \vec{u}_y, \vec{u}_z)$.

La norme du vecteur $\overrightarrow{OM}$ est exprimée par

$$\|\overrightarrow{OM}\| = \sqrt{x^2 + y^2 + z^2}$$

I.3.2 Coordonnés polaires

La base polaire ($\vec{u_\rho}, \vec{u_\theta}$) est un ensemble de deux vecteurs unitaires qui servent de base pour décrire les vecteurs dans un plan en coordonnées polaires. Ces vecteurs sont définis comme suit :

- Le vecteur unitaire radial $\vec{u_\rho}$, pointe dans la direction du rayon reliant le point à l'origine
- Le vecteur unitaire orthoradial $\vec{u_\theta}$ pointe dans la direction de l'angle θ et est perpendiculaire à $\vec{u_\rho}$, généralement dans le sens trigonométrique

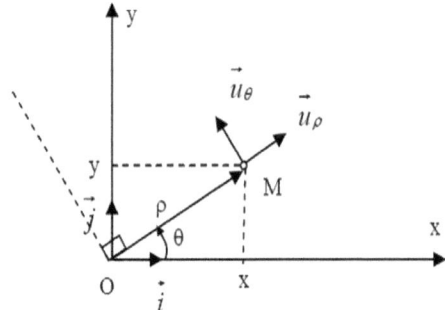

Figure I.3 Les coordonnées polaires (ρ, θ) et la base associée ($\vec{u_\rho}, \vec{u_\theta}$)

Les coordonnées polaires d'un point se décomposent comme suit :
- La coordonnée radiale, généralement notée ρ ou r, représente la distance radiale du point à l'origine.
- La coordonnée angulaire, notée θ, représente l'angle entre le rayon reliant le point à l'origine et l'axe de référence, souvent l'axe des abscisses.

Le vecteur $\overrightarrow{OM}$ peut s'écrire dans le repère $R(\vec{u_\rho}, \vec{u_\theta})$ par:

$$\overrightarrow{OM} = \|\overrightarrow{OM}\| \vec{u_\rho} = \rho \vec{u_\rho}$$

Les relations entre les systèmes de coordonnées cartésiennes et polaires sont les suivantes :

-Pour passer des coordonnées polaires aux coordonnées cartésiennes :

$x = \rho \cos \theta$ et $y = \rho \sin \theta$

-Pour passer des coordonnées cartésiennes aux coordonnées polaires :

$\rho = \sqrt{x^2 + y^2}$ et $\theta = \tan^{-1}\left(\frac{y}{x}\right)$

I.3.3 Coordonnés cylindriques

Les coordonnées cylindriques sont une extension des coordonnées polaires dans le plan (O, x, y) où une coordonnée z est ajoutée le long d'un axe perpendiculaire au plan. La base correspondante est constituée de la base polaire tournante ($\vec{u_\rho}, \vec{u_\theta}$) et du vecteur $\vec{u_z}$ (le troisième vecteur de la base cartésienne), qui reste fixe dans le référentiel d'étude.

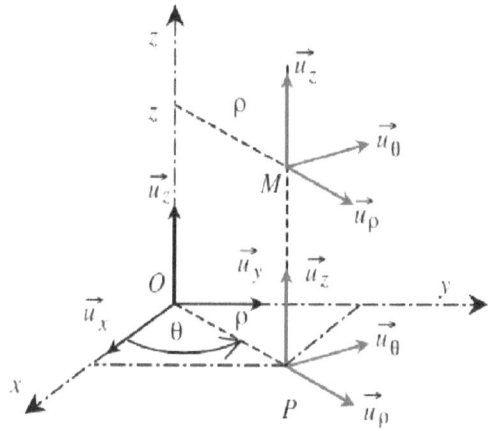

Figure I.4 Le système de coordonnées cylindriques (ρ, θ, z) et la base associée $(\vec{u_\rho}, \vec{u_\theta}, \vec{u_z})$

Le vecteur position $\overrightarrow{OM}$ s'écrit sous la forme :

$$\overrightarrow{OM} = \overrightarrow{OP} + \overrightarrow{PM} = \rho \vec{u_\rho} + z \vec{u_z}$$

La norme du vecteur $\overrightarrow{OM}$ est donnée par

$$\|\overrightarrow{OM}\| = OM = \sqrt{\rho^2 + z^2}$$

Les coordonnées cylindriques de M se décrivent par (ρ, θ, z). Le point M réside sur un cylindre d'axe Oz, ayant un rayon ρ, ce qui justifie l'appellation "coordonnées cylindriques". Pour localiser un point sur ce cylindre, il est simplement nécessaire de spécifier la cote z et la coordonnée angulaire θ.

I.3.4 Coordonnés sphériques

Les coordonnées cylindriques ne sont pas particulièrement adaptées pour décrire un point sur une sphère, où tous les points sont à une distance égale du centre O. À cet effet, il est préférable d'utiliser les coordonnées sphériques. Les coordonnées sphériques du point M sont (r, θ, ϕ) où :

- La coordonnée radiale r représente la distance entre l'origine O du repère et le point M.
- La coordonnée angulaire θ désigne l'angle formé par $\overrightarrow{OM}$ et l'axe Oz. Cet angle, qui varie entre 0 et π, est appelé la colatitude (l'angle complémentaire de la latitude) ou le zénith.
- La coordonnée angulaire ϕ correspond à l'angle formé par la projection du point M sur le plan Oxy (notée Om) et l'axe Ox. Cet angle, compris entre 0 et 2π, est appelé la longitude ou l'azimut.

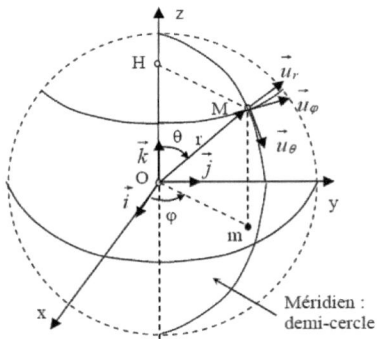

Figure I.5 Le système de coordonnées sphériques (r, θ, ϕ) et la base associée $(\vec{u}_r, \vec{u}_\theta, \vec{u}_\phi)$

Le vecteur $\overrightarrow{OM}$ est définit dans le repère $R(\vec{u}_r, \vec{u}_\theta, \vec{u}_\phi)$ par:

$\overrightarrow{OM} = r\vec{u}_r$

Le point m est la projection de M sur le plan xOy, donc on a: $Om = r\sin\theta$. Les coordonnées x et y du point M sont celles du point m c'est à dire:

$$x = Om\cos\phi = r\sin\theta\cos\phi \qquad (I.1)$$
$$y = Om\sin\phi = r\sin\theta\sin\phi \qquad (I.2)$$

La projection H du point M sur l'axe Oz donne la cote:

$$z = OH = r\cos\theta \qquad (I.3)$$

Les équations (I.1), (I.2) et (I.3) représentent le passage des coordonnées sphériques aux coordonnées cartésiennes.

I.3.5 Abscisse curviligne

Supposons que nous connaissions la courbe le long de laquelle le point M se déplace. Dans cette situation, la simple connaissance de la distance à laquelle se trouve M d'un point spécifique de la courbe suffit à localiser ce point. Pour ce faire, nous commençons par orienter la courbe, c'est-à-dire que nous choisissons arbitrairement un sens positif. Ensuite, nous sélectionnons un point particulier sur la courbe que nous désignerons par Ω. Enfin, nous définissons l'abscisse curviligne $s(t)$ comme étant la mesure algébrique de la distance d'arc $\overline{\Omega M}$ le long de la trajectoire.

Pour le mouvement curviligne, la base utilisée est la base de Frenet, une base locale qui se déplace avec le point M. Cette base inclut le cercle osculateur à la trajectoire du point M, c'est-à-dire le cercle tangent localement à la trajectoire de ce point. L'un des vecteurs de base, $\vec{u}_t$, est tangent à la trajectoire et suit le sens positif défini pour celle-ci. L'autre vecteur, $\vec{u}_n$, est dirigé le long du rayon de courbure de la trajectoire, pointant vers le centre du cercle osculateur, noté C. Ainsi, en chaque point M de la courbe, nous définissons la base de Frenet comme $(\vec{u}_t, \vec{u}_n)$.

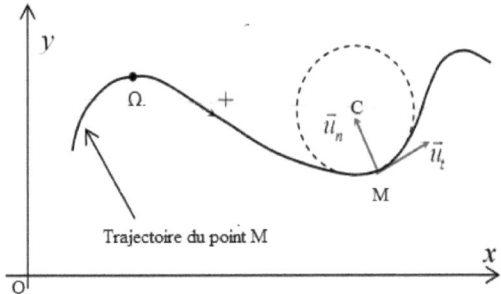

Figure I.6 Abscisse curviligne et base de Frenet $(\vec{u}_t, \vec{u}_n)$

I.4 Vitesse d'un point matériel
I.4.1 Définition

La vitesse est une mesure de la variation de la position par rapport au temps. Elle est également de nature vectorielle car le déplacement d'un point est caractérisé par une direction et un sens, des attributs inhérents aux vecteurs spatiaux. En notant M la position d'un point à l'instant t et M' sa position à l'instant $t + \Delta t$, nous pouvons définir un vecteur vitesse représentant le trajet MM' comme suit :

$$\vec{v}_{MM'} = \frac{\overrightarrow{MM'}}{\Delta t}$$

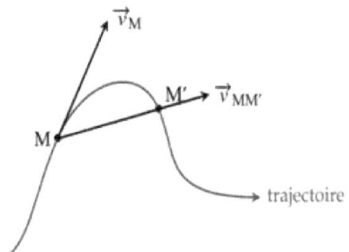

Figure I.7 Définition du vecteur vitesse

Cette grandeur correspond à la vitesse moyenne entre deux instants. Cependant, elle présente l'inconvénient de ne pas fournir d'information sur le mouvement entre t et

$t + \Delta t$. C'est pourquoi nous faisons tendre la durée Δt vers 0 pour définir le vecteur vitesse instantanée du point M.

On appelle vecteur vitesse instantanée du point M par rapport au référentiel R le vecteur

$$\vec{v}(t) = \lim_{\Delta t \to 0} \vec{v}_{MM'} = \lim_{\Delta t \to 0} \frac{\overrightarrow{OM}(t + \Delta t) - \overrightarrow{OM}(t)}{\Delta t} = \frac{d\overrightarrow{OM}}{dt}$$

Lorsque le point M' tend vers le point M, la corde MM' tend vers la tangente à la trajectoire au point M. Le vecteur vitesse est donc un vecteur tangent à la trajectoire au point considéré.

Soulignons que la vitesse est une notion relative à un référentiel d'observation. Une fois le référentiel choisi, la vitesse d'un point est définie par une seule valeur à un instant donné t. Cependant, il existe plusieurs façons d'exprimer le vecteur vitesse, puisque différentes bases de projection peuvent être choisies. Dans tous les cas, la vitesse scalaire reste indépendante de la base choisie. Le choix de la base est généralement déterminé par la symétrie du problème.

I.4.2 Vitesse en coordonnées cartésiennes

Considérons un point M en déplacement dans l'espace, muni d'un repère cartésien d'origine O et de base orthonormée $(\vec{u}_x, \vec{u}_y, \vec{u}_z)$. Les vecteurs unitaires de cette base demeurent constants par rapport au référentiel d'étude R. En utilisant l'expression du vecteur position en coordonnées cartésiennes, nous obtenons :

$$\vec{v}(t) = \frac{d\overrightarrow{OM}}{dt} = \frac{d(x\,\vec{u}_x + y\,\vec{u}_y + z\,\vec{u}_z)}{dt} = \frac{dx}{dt}\vec{u}_x + \frac{dy}{dt}\vec{u}_y + \frac{dz}{dt}\vec{u}_z$$

Cette expression peut être simplifiée en utilisant des variables surmontées d'un point pour représenter la dérivation temporelle. Ainsi, la vitesse peut être exprimée comme suit :

$$\vec{v}(t) = \dot{x}\,\vec{u}_x + \dot{y}\,\vec{u}_y + \dot{z}\,\vec{u}_z$$

I.4.3 Vitesse en coordonnées polaires

Si le point M se déplace dans le plan xOy (figure 1.8), il peut être localisé en utilisant ses coordonnées polaires $\rho = OM$ et θ. Il est convient de noter que les vecteurs $\vec{u}_\rho$, $\vec{u}_\theta$ sont des vecteurs mobiles et donc variables dans le temps, contrairement aux vecteurs $\vec{u}_x, \vec{u}_y, \vec{u}_z$ qui sont fixes.

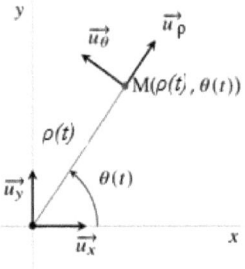

Figure I.8

En appliquant la définition de la vitesse, il est possible d'exprimer le vecteur vitesse du point M dans la base mobile, soit :

$$\vec{v}(t) = \frac{d\overrightarrow{OM}}{dt} = \frac{d(\rho \vec{u}_\rho)}{dt} = \frac{d\rho}{dt}\vec{u}_\rho + \rho \frac{d\vec{u}_\rho}{dt} = \dot{\rho}\vec{u}_\rho + \rho \frac{d\vec{u}_\rho}{dt}$$

D'après l'expression, le vecteur $\vec{u}_\rho$ dépend de la coordonnée angulaire θ, elle-même étant une fonction du temps lors du déplacement du point M. En dérivant une fonction composée, on peut écrire :

$$\frac{d\vec{u}_\rho}{dt} = \frac{d\vec{u}_\rho}{d\theta} \frac{d\theta}{dt} = \dot{\theta} \frac{d\vec{u}_\rho}{d\theta}$$

L'application des règles de dérivation à l'expression du vecteur $\vec{u}_\rho$ conduit à :

$$\frac{d\vec{u}_\rho}{d\theta} = \frac{d[(cos\theta)\vec{u}_x + (sin\theta)\vec{u}_y]}{d\theta} = -sin\theta\, \vec{u}_x + cos\theta\, \vec{u}_y$$

En conclusion, nous avons :

$$\frac{d\vec{u}_\rho}{d\theta} = \vec{u}_\theta$$

La dérivation d'un vecteur unitaire par rapport à l'angle qui définit sa direction suit la règle suivante : « La dérivée par rapport à l'angle θ d'un vecteur unitaire $\vec{u}$ (qui dépend uniquement de l'angle θ) est un vecteur unitaire qui lui est directement perpendiculaire, résultant d'une rotation de $\pi/2$ dans le sens positif ».

Ce qui engendre qu'en coordonnées polaires :
$$\vec{v}(t) = \dot{\rho}\,\vec{u}_\rho + \rho\dot{\theta}\,\vec{u}_\theta$$

I.4.4 Vitesse en coordonnées cylindriques

En coordonnées cylindriques, l'expression du vecteur vitesse peut être obtenue en ajoutant simplement la troisième composante le long de l'axe Oz au système de coordonnées polaires. Le vecteur vitesse est donné par :

$$\vec{v}(t) = \frac{d\overrightarrow{OM}}{dt} = \frac{d(\rho\vec{u}_\rho + z\,\vec{u}_z)}{dt} = \dot{\rho}\vec{u}_\rho + \rho\dot{\theta}\vec{u}_\theta + \dot{z}\vec{u}_z$$

L'utilisation des coordonnées cylindriques (ou polaires) se révèle utile lorsque le mouvement du point M est de nature curviligne, tel que circulaire ou elliptique.

I.4.5 Vitesse en coordonnées sphériques

Considérons une base orthonormée sphérique $(\vec{u}_r, \vec{u}_\theta, \vec{u}_\phi)$ du référentiel R servant à définir la position du point M. Le vecteur vitesse du point M dans cette base s'écrit :

$$\vec{v}(t) = \frac{d\overrightarrow{OM}}{dt} = \frac{d(r\,\vec{u}_r)}{dt} = \dot{r}\vec{u}_r + r\frac{d\vec{u}_r}{dt}$$

Puisque les vecteurs $\vec{u}_r, \vec{u}_\theta, \vec{u}_\phi$ sont associés au déplacement du point M, ils varient avec le temps, ce qui signifie que leurs dérivées par rapport au temps ne sont pas nulles. En se référant à la figure I.5, le vecteur unitaire $\vec{u}_r$ a pour expression:

$$\vec{u}_r = \sin\theta \cos\phi\,\vec{u}_x + \sin\theta \sin\phi\,\vec{u}_y + \cos\theta\,\vec{u}_z$$

La dérivée de $\vec{u}_r$ peut être exprimée par :

$$\frac{d\vec{u}_r}{dt} = \dot{\theta}\cos\theta \cos\phi\,\vec{u}_x + \sin\theta\dot{\phi}(-\sin\phi)\vec{u}_x + \dot{\theta}\cos\theta \sin\phi\,\vec{u}_y + \sin\theta\,\dot{\phi}\cos\phi\,\vec{u}_y$$
$$- \dot{\theta}\sin\theta\vec{u}_z$$

$$\frac{d\vec{u}_r}{dt} = \dot{\theta}(\cos\theta \cos\phi\,\vec{u}_x + \cos\theta \sin\phi\,\vec{u}_y - \sin\theta\vec{u}_z) + \dot{\phi}\sin\theta(-\sin\phi\,\vec{u}_x + \cos\phi\,\vec{u}_y)$$

$$\frac{d\vec{u}_r}{dt} = \dot{\theta}\vec{u}_\theta + \dot{\phi}\sin\theta\vec{u}_\phi$$

En remplaçant $\frac{d\vec{u}_r}{dt}$ dans l'expression de $\vec{v}$ on obtient

$$\vec{v}(t) = \dot{r}\vec{u}_r + r\dot{\theta}\vec{u}_\theta + r\sin\theta\,\dot{\phi}\,\vec{u}_\phi$$

I.4.6 Vitesse dans la base de Frenet

Quand on modifie de manière élémentaire la position du point M en suivant sa trajectoire, l'abscisse curviligne du point M évolue de s à $s + ds$ entre les instants t et $t + dt$ (comme illustré dans la figure I.9).

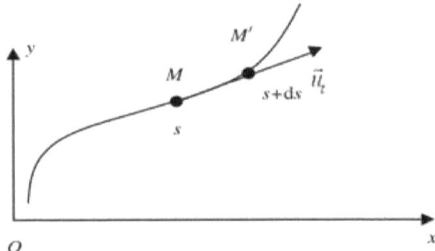

Figure I.9

Le déplacement élémentaire du point M est tangent à la trajectoire et peut être exprimé comme suit :

$$\overrightarrow{dOM} = \overrightarrow{MM'} = ds\,\vec{u}_t$$

Ceci mène à la formulation de la vitesse dans la base de Frenet de la manière suivante :

$$\vec{v} = \frac{ds}{dt}\vec{u}_t = \dot{s}\,\vec{u}_t = v\,\vec{u}_t$$

I.5 Accélération d'un point matériel

I.5.1 Définition

Le vecteur accélération représente une mesure de l'évolution du vecteur vitesse, à la fois en termes de norme et de direction.

On appelle vecteur accélération instantanée du point M par rapport au référentiel R le vecteur

$$\vec{a}(t) = \lim_{\Delta t \to 0} \frac{\vec{v}(t + \Delta t) - \vec{v}(t)}{\Delta t} = \frac{d\vec{v}}{dt} = \frac{d^2\overrightarrow{OM}}{dt^2}$$

La norme du vecteur accélération, que nous appellerons accélération et que nous noterons a, se mesure en $m.s^{-2}$

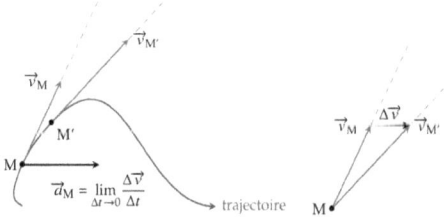

Figure I.10 Définition du vecteur accélération

I.5.2 Expression en coordonnées cartésiennes

En utilisant la définition du vecteur accélération, il suffit de dériver les composantes de la vitesse, étant donné que les vecteurs unitaires restent constants par rapport au référentiel d'étude

$$\vec{a} = \frac{d\vec{v}(t)}{dt} = \ddot{x}\vec{u}_x + \ddot{y}\,\vec{u}_y + \ddot{z}\,\vec{u}_z$$

avec la notation suivante : $\ddot{x} = \frac{d^2x}{dt^2}$

I.5.3 Expression en coordonnées polaires

Nous avons montré que la vitesse d'un point M repéré par ses coordonnées polaires s'écrit

$$\vec{v}(t) = \dot{\rho}\,\vec{u}_\rho + \rho\dot{\theta}\,\vec{u}_\theta$$

Pour obtenir l'accélération, il est nécessaire de dériver la vitesse par rapport au temps :

$$\vec{a} = \frac{d\vec{v}(t)}{dt} = \frac{d(\dot{\rho}\vec{u}_\rho + \rho\dot{\theta}\vec{u}_\theta)}{dt} = \frac{d(\dot{\rho}\vec{u}_\rho)}{dt} + \frac{d(\rho\dot{\theta}\vec{u}_\theta)}{dt}\vec{a}$$

$$= \ddot{\rho}\vec{u}_\rho + \dot{\rho}\,\frac{d(\vec{u}_\rho)}{dt} + \dot{\rho}\dot{\theta}\,\vec{u}_\theta + \rho\ddot{\theta}\,\vec{u}_\theta + \frac{d(\vec{u}_\theta)}{dt}\rho\dot{\theta}$$

En utilisant le théorème du vecteur unitaire tournant, il vient :

$$\vec{a} = (\ddot{\rho} - \rho\dot{\theta}^2)\vec{u}_\rho + (2\dot{\rho}\dot{\theta} + \rho\ddot{\theta})\vec{u}_\theta$$

L'accélération du point M dans cette base a deux composantes : une composante radiale (suivant $\vec{u}_\rho$) et une composante orthoradiale (suivant $\vec{u}_\theta$).

I.5.4 Expression en coordonnées cylindriques

En coordonnées cylindriques, l'expression du vecteur accélération est obtenue en ajoutant la composante $\ddot{z}$ le long du $\vec{u}_z$ au système de coordonnées polaires :

$$\vec{a} = \frac{d\vec{v}(t)}{dt} = (\ddot{\rho} - \rho\dot{\theta}^2)\vec{u}_\rho + (2\dot{\rho}\dot{\theta} + \rho\ddot{\theta})\vec{u}_\theta + \ddot{z}\vec{u}_z$$

I.5.5 Expression dans la base de Frenet

Il est pertinent de démontrer que l'accélération présente deux aspects distincts: elle représente non seulement la non-uniformité de la trajectoire, mais aussi son caractère non rectiligne. La formule de Frenet récapitule de manière concise cette notion. Partons de l'expression de la vitesse $\vec{v} = \dot{s}\,\vec{u}_t = v\,\vec{u}_t$ et dérivons-la par rapport au temps :

$$\vec{a} = \frac{d\dot{s}}{dt}\vec{u}_t + \dot{s}\frac{d\vec{u}_t}{dt}$$

A un instant t, au point M de la trajectoire, le vecteur de base $\vec{u}_t$ forme un angle α avec la direction de l'axe des x (voir figure I.11). À l'instant $t + dt$, ce vecteur tourne d'un angle $d\alpha$.

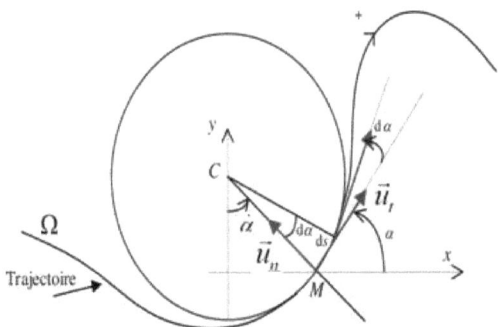

Figure I.11 Base de Frenet et déplacement élémentaire

La dérivée par rapport au temps de ce vecteur unitaire est donc donnée par la règle de dérivation d'un vecteur tournant de norme constante:

$$\frac{d\vec{u}_t}{dt} = \dot{\alpha}\vec{u}_n$$

Avec $CM = \rho$, le rayon du cercle osculateur tangent à la courbe au point M, nous avons

$$ds = CM\, d\alpha = \rho d\alpha \Rightarrow \frac{d\alpha}{dt} = \dot{\alpha} = \frac{1}{\rho}\frac{ds}{dt} = \frac{\dot{s}}{\rho} = \frac{v}{\rho}$$

Ainsi,

$$\dot{s}\frac{d\vec{u}_t}{dt} = \dot{s}\dot{\alpha}\vec{u}_n = \dot{s}\frac{\dot{s}}{\rho}\vec{u}_n = \frac{\dot{s}^2}{\rho}\vec{u}_n = \frac{v^2}{\rho}\vec{u}_n$$

En substituant dans l'expression de l'accélération, on trouve la formule de Frenet :

$$\vec{a} = \ddot{s}\,\vec{u}_t + \frac{v^2}{\rho}\vec{u}_n = \frac{dv}{dt}\vec{u}_t + \frac{v^2}{\rho}\vec{u}_n$$

Le vecteur accélération se décompose donc en deux composantes distinctes :

1-Une composante tangentielle $a_t = \frac{dv}{dt}$, associée à la non-uniformité de la trajectoire. Si le mouvement est uniforme, cette composante est nulle.

2- Une composante normale $a_n = \frac{v^2}{\rho}$, en lien avec la courbure de la trajectoire. Si le mouvement est rectiligne (rayon de courbure infini), cette composante est nulle.

I.6 Exemples de mouvements

I.6.1 Mouvement rectiligne

Considérons un point M en déplacement le long d'une droite orientée, et désignons par $s(t)$ la coordonnée curviligne par rapport à un point O de cette droite. Étant donné que le trajet est linéaire, la courbure est nulle ($1/\rho = 0$).

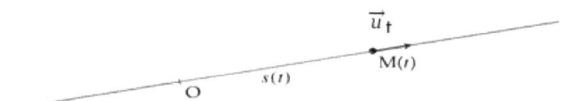

Figure I.12 Mouvement rectiligne

Selon les formules de Frenet, nous avons :

$$\vec{v} = \frac{ds}{dt}\vec{u}_t$$

et

$$\vec{a} = \frac{d^2s}{dt^2}\vec{u}_t$$

Les vecteurs de vitesse et d'accélération sont dirigés suivant la trajectoire.

- **Mouvement rectiligne uniforme**

On qualifie le mouvement de rectiligne uniforme lorsque le vecteur vitesse reste constant. Dans cette situation, l'accélération est nulle et l'équation horaire peut être exprimée comme suit:

$$s(t) = v\,t + s_0$$

- **Mouvement rectiligne uniformément varié**

C'est un mouvement linéaire caractérisé par une accélération constante. En intégrant deux fois l'accélération, on obtient l'équation suivante pour l'abscisse curviligne, $s(t)$:

$$s(t) = \frac{1}{2}a\,t^2 + v_0 t + s_0$$

où v_0 et s_0 représentent respectivement la vitesse initiale et l'abscisse curviligne à l'instant $t = 0$.

En exprimant le temps t en fonction de la vitesse et en le substituant dans l'expression de $s(t)$, on peut obtenir une relation entre l'abscisse curviligne et la vitesse.

$$v(t) = \dot{s} = a\,t + v_0 \Rightarrow \frac{(v - v_0)}{a} = t$$

$$s - s_0 = \frac{1}{2}a\,t^2 + v_0 t = \frac{1}{2}\frac{(v - v_0)^2}{a} + \frac{v_0}{a}(v - v_0)$$

$$2a(s - s_0) = (v - v_0)^2 + 2v_0(v - v_0)$$

$$v^2 - v_0^2 = 2\,a(s - s_0)$$

I.6.2 Mouvement circulaire

Considérons un point M décrivant un cercle de rayon R et notons θ l'angle formé par l'axe (Ox) et le rayon vecteur $\overrightarrow{OM}$.

Les caractéristiques cinématiques du mouvement circulaire quelconque peuvent être déduites à partir du schéma présenté dans la figure 1.13, et elles sont les suivantes :

$$\overrightarrow{OM}(t) = R\,\vec{u}_\rho$$

$$\vec{v} = \frac{d\overrightarrow{OM}}{dt} = R\,\frac{d\vec{u}_\rho}{dt} = R\dot{\theta}\vec{u}_\theta = R\,\omega(t)\vec{u}_\theta$$

$$\vec{a} = \frac{d\vec{v}}{dt} = R\frac{d\omega}{dt}\vec{u}_\theta + R\omega\frac{d\vec{u}_\theta}{dt} = -R\omega^2\vec{u}_\rho + R\dot{\omega}\,\vec{u}_\theta$$

Le vecteur unitaire orthoradial $\vec{u}_\theta$ est orthogonal au rayon $\overrightarrow{OM}$ et donc tangent à la trajectoire. En orientant la trajectoire dans le sens trigonométrique, il correspond au vecteur $\vec{u}_t$ de la base de Frenet. L'autre vecteur de cette base, $\vec{u}_n$, est toujours dirigé vers la concavité et est opposé au vecteur $\vec{u}_\rho$.

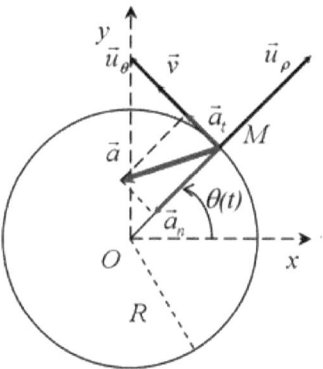

Figure 1.13

L'expression du vecteur accélération s'écrit dans la base de Frenet

$$\vec{a} = \vec{a}_t + \vec{a}_n = R\dot{\omega}\,\vec{u}_t + R\omega^2\vec{u}_n$$

L'accélération normale $\vec{a}_n$ est représentée par $R\omega^2\vec{u}_n$. Avec le terme $R\omega^2$ étant positif, cette accélération est toujours dirigée vers le centre du cercle, constituant ainsi la composante normale centripète. Elle est responsable de la variation de direction du vecteur vitesse, même dans le cas d'un mouvement uniforme où v et ω restent constants.

La composante orthoradiale ou tangentielle $\vec{a}_t$ est calculée comme $R\dot{\omega}\,\vec{u}_t$. Cette accélération renseigne sur la variation de la vitesse, qu'elle soit présente ou non. Dans le cas du mouvement circulaire uniforme, elle est nulle.

I.6.3 Mouvement hélicoïdal

Le mouvement hélicoïdal résulte de la combinaison d'un déplacement rectiligne uniforme le long de l'axe z et d'un mouvement circulaire uniforme dans le plan xOy. Les équations horaires du mouvement pour les trois axes x, y et z du référentiel cartésien sont les suivantes :

$$x(t) = R\cos\omega t\,;\ y(t) = R\sin\omega t\,;\ z(t) = v_0 t$$

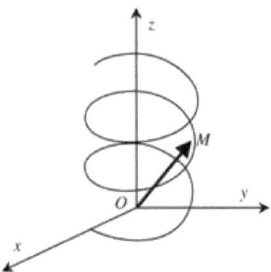

Figure 1.14 Illustration d'un mouvement hélicoïdal

On peut aisément déterminer les composantes du vecteur vitesse et du vecteur accélération du point en effectuant des dérivations successives dans cette base :

$$\vec{v} = \begin{cases} -R\omega\sin\omega t \\ R\omega\cos\omega t \\ v_0 \end{cases} \qquad \vec{a} = \begin{cases} -R\omega^2\cos\omega t \\ -R\omega^2\sin\omega t \\ 0 \end{cases}$$

De façon similaire, les expressions de la vitesse et de l'accélération dans la base cylindrique sont formulées ainsi :

$$\vec{v} = \begin{cases} 0 \\ R\omega \\ v_0 \end{cases} \qquad \vec{a} = \begin{cases} -R\omega^2 \\ 0 \\ 0 \end{cases}$$

I.7 Exercices résolus

Exercice 1

Les coordonnées du point M dans le repère $(O, \vec{u}_x, \vec{u}_y)$ sont données par les équations suivantes :

$$\begin{cases} x = 1 + \cos t \\ y = \sin t \\ z = 0 \end{cases}$$

1) Trouver l'équation de la trajectoire et démontrer qu'elle est un cercle avec un centre C situé sur l'axe Ox (OC = +1 m) et un rayon R = 1m.

2) Exprimer le vecteur vitesse $\vec{v}$ et préciser sa direction par rapport à la trajectoire. Calculer la valeur de la vitesse $\vec{v}$ du point M et montrer que le mouvement est uniforme.

3) Exprimer le vecteur vitesse angulaire $\vec{\omega}$ (ou vecteur rotation) et donner sa valeur ω.

4) Exprimer le vecteur accélération $\vec{a}$ et le comparer avec le vecteur $\overrightarrow{CM}$. Que peut-on dire de ce vecteur par rapport au vecteur vitesse $\vec{v}$ et par rapport à la trajectoire ? Donner la valeur de a.

5) Représenter la trajectoire, le vecteur vitesse angulaire $\vec{\omega}$, le vecteur vitesse $\vec{v}$ ainsi que le vecteur accélération $\vec{a}$ en un point M quelconque.

Corrigé:

1) $(x-1)^2 + y^2 = \cos^2 t + \sin^2 t = 1$ ⇒ trajectoire est un cercle de centre $x_0 = 1\ m$ et $y_0 = 0$

soit $\overrightarrow{OC} = \vec{u}_x$ et de rayon R = 1 m (dans le plan Oxy).

2) $\begin{cases} \dot{x} = -\sin t \\ \dot{y} = \cos t \\ \dot{z} = 0 \end{cases}$ ⇒ $\vec{v} = -\sin t\ \vec{u}_x + \cos t\ \vec{u}_y$ ⇒ $\|\vec{v}\| = \sqrt{\sin^2 t + \cos^2 t} = 1\ m.s^{-1}$

La vitesse est constante, le mouvement est donc uniforme. Le vecteur vitesse est tangent à la trajectoire circulaire (perpendiculaire au rayon correspondant).

3) $\vec{\omega} = \omega\ \vec{u}_z$ ⇒ $\omega = \dfrac{v}{R} = rad.s^{-1}$

4) $\begin{cases} \ddot{x} = -\cos t \\ \ddot{y} = -\sin t \\ \ddot{z} = 0 \end{cases} \Rightarrow \vec{a} = -\cos t\, \vec{u}_x - \sin t\, \vec{u}_y$

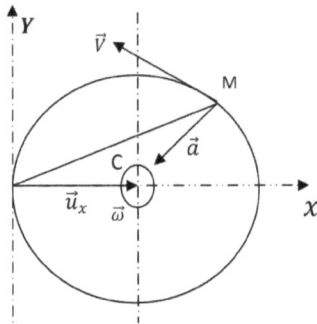

Ce vecteur, dirigé de M vers C, est à la fois normal et centripète dans le cadre d'un mouvement circulaire uniforme. De plus, il est perpendiculaire au vecteur vitesse.

$\overrightarrow{CM} = \overrightarrow{OM} - \overrightarrow{OC} = \overrightarrow{OM} - \vec{u}_x = (1 + \cos t - 1)\vec{u}_x + \sin t\, \vec{u}_y = -\vec{a}$

Exercice 2

Un point M est localisé, par rapport au repère $R(O, \vec{i}, \vec{j}, \vec{k})$, à l'instant t par les coordonnées suivantes :

$\begin{cases} x(t) = \dfrac{1}{3}t^2 - t + 2 \\ y(t) = 3t \end{cases}$

1-Trouver l'équation de la trajectoire du point M.

2-Calculer les normes des vecteurs position et vitesse à l'instant $t = 1.5\ s$

3-Exprimer l'accélération du point M et déduire la nature de son mouvement.

4-Déterminer les composantes tangentielle et normale de $\vec{a}$, puis exprimer le rayon de courbure R de la trajectoire en fonction du temps t. Calculer R à l'instant $t = 1.5\ s$

Corrigé:

1) Pour déterminer la nature de la trajectoire, nous commençons par exprimer les équations de mouvement du point M :

$\begin{cases} x(t) = \dfrac{1}{3}t^2 - t + 2 & (1) \\ y(t) = 3t & (2) \end{cases}$

A partir de l'équation (2), $t = \frac{y}{3}$. En substituant t dans l'équation (1), nous obtenons:

$$x = \frac{1}{27}y^2 - \frac{y}{3} + 2$$

Cette expression représente une parabole de concavité tournée vers le haut.

2) La norme du vecteur position à t=1.5s est calculée comme suit :

$$\overrightarrow{OM} = x\vec{i} + y\vec{j} = \left(\frac{1}{3}t^2 - t + 2\right)\vec{i} + (3t)\vec{j}$$

à $t = 1.5s$

$$\overrightarrow{OM} = 1.25\vec{i} + 4.5\vec{j}$$

$$\|\overrightarrow{OM}\| = \sqrt{x^2 + y^2} = \sqrt{1.25^2 + 4.5^2}$$

$$\|\overrightarrow{OM}\| = 4.67 \text{ m}$$

Pour la norme du vecteur vitesse à t=1.5s, peut être calculée de la manière suivante :

En utilisant les équations paramétriques :

$$\begin{cases} x(t) = \frac{1}{3}t^2 - t + 2 \\ y(t) = 3t \end{cases}$$

Cela implique le vecteur vitesse :

$$\vec{v} = \begin{cases} v_x = \dfrac{dx}{dt} = \dfrac{2}{3}t - 1 \\ v_y = \dfrac{dy}{dt} = 3 \end{cases}$$

$$\vec{v} = v_x\vec{i} + v_y\vec{j} = \left(\frac{2}{3}t - 1\right)\vec{i} + 3\vec{j}$$

à $t = 1.5s$

$$\vec{v} = 0\vec{i} + 3\vec{j} \Rightarrow \|\vec{v}\| = \sqrt{v_x^2 + v_y^2} = 3 m.s^{-1}$$

3) L'expression de l'accélération du point M ainsi que la nature de son peuvent être formulées comme suit :

$$\vec{a} = \begin{cases} a_x = \dfrac{dv_x}{dt} = \dfrac{2}{3} \\ a_y = \dfrac{dv_y}{dt} = 0 \end{cases} \Rightarrow \vec{a} = 0.67\vec{i}$$

La norme de l'accélération est $a = 0.67 \text{ m s}^{-2}$.

La nature du mouvement du point M est caractérisée par une accélération constante positive et une vitesse positive, ce qui correspond à un Mouvement Rectiligne Uniformément Accéléré.

4) La décomposition de l'accélération en composante tangentielle et normale peut être réexprimée comme suit :

$a_t = \frac{dv}{dt}$ avec $\vec{v} = \left(\frac{2}{3}t - 1\right)\vec{i} + 3\vec{j}$

Alors, $v = \sqrt{v_x^2 + v_y^2} = \left(\frac{4}{9}t^2 - \frac{4}{3}t + 10\right)^{\frac{1}{2}}$

Composante tangentielle a_t :

$$a_t = \frac{1}{2}\left(\frac{4}{9}t^2 - \frac{4}{3}t + 10\right)^{-\frac{1}{2}} \times \left(\frac{4}{3}\left(\frac{2}{3}t - 1\right)\right) = \frac{2}{3} \times \frac{\left(\frac{2}{3}t - 1\right)}{\sqrt{\left(\frac{4}{9}t^2 - \frac{4}{3}t + 10\right)}}$$

Composante normale a_n :

$\vec{a} = a_t \vec{u}_t + a_n \vec{u}_n \implies a^2 = a_t^2 + a_n^2 \implies a_n = \sqrt{a^2 - a_t^2}$ or $a = \frac{2}{3}$

$$a_n = \frac{2}{\sqrt{\left(\frac{4}{9}t^2 - \frac{4}{3}t + 10\right)}} = 2\left(\left(\frac{4}{9}t^2 - \frac{4}{3}t + 10\right)\right)^{-\frac{1}{2}}$$

Pour trouver le rayon de courbure R, nous avons la relation :

$R = \frac{v^2}{a_n}$

En substituant les expressions données pour v et a_n, nous obtenons :

$$R = \frac{1}{2}\left(\frac{4}{9}t^2 - \frac{4}{3}t + 10\right)^{\frac{3}{2}}$$

A la date $t = 1.5s$:

$R = 13.5\ m$

Exercice 3

Considérons un mobile M en mouvement tel que :

$\overrightarrow{OM} = 3\cos 2t\ \vec{u}_x + 3\sin 3t\ \vec{u}_y + (8t - 4)\ \vec{u}_z$

1-Déterminer la nature de la trajectoire de M dans l'espace $(O, \vec{u}_x, \vec{u}_y, \vec{u}_z)$

2-Exprimer en coordonnées cylindriques l'expression de la vitesse. Calculer sa norme.

3- Exprimer en coordonnées cylindriques l'expression de l'accélération. Calculer sa norme.

4-Trouver la vitesse et l'accélération dans la base de Frenet. En déduire le rayon de courbure r.

Corrigé:

1) l'équation $x^2 + y^2 = 9$ indique que la trajectoire dans le plan Oxy est circulaire, avec un rayon R=3m et un centre situé à l'origine (0,0). Quant à la trajectoire le long de l'axe Oz, définie par $z = 8t - 4$, elle représente une droite, indiquant un mouvement rectiligne le long de Oz. Ainsi, le mouvement dans l'espace est hélicoïdal, combinant un déplacement circulaire dans le plan Oxy avec un déplacement linéaire le long de l'axe Oz.

2) Le vecteur de position en coordonnées cylindrique est donnée par $\overrightarrow{OM} = R\vec{u}_r + z\vec{u}_z$, ce qui conduit à l'expression de la vitesse $\vec{v}(t) = \dot{R}\vec{u}_r + R\dot{\theta}\vec{u}_\theta + \dot{z}\vec{u}_z$

Avec $\begin{cases} R = 3 \\ \theta = tan^{-1}\left(\frac{y}{x}\right) = \tan^{-1}(tan2t) = 2t \\ z = 8t - 4 \end{cases} \Rightarrow \begin{cases} \dot{R} = 0 \\ \dot{\theta} = 2 \\ \dot{z} = 8 \end{cases}$

Ainsi, le vecteur vitesse devient : $\vec{v}(t) = 6\vec{u}_\theta + 8\vec{u}_z$

Le module du vecteur vitesse v est :

$\|\vec{v}\| = \sqrt{6^2 + 8^2} = 10 \, m.s^{-1}$

3) L'expression du vecteur accélération en coordonnées cylindrique est donnée par

$\vec{a} = \frac{d\vec{v}(t)}{dt} = (\ddot{R} - R\dot{\theta}^2)\vec{u}_r + (2\dot{R}\dot{\theta} + R\ddot{\theta})\vec{u}_\theta + \ddot{z}\vec{u}_z$

$\begin{cases} R = 3 \\ \theta = 2t \\ z = 8t - 4 \end{cases} \Rightarrow \begin{cases} \dot{R} = 0 \\ \dot{\theta} = 2 \\ \dot{z} = 8 \end{cases} \Rightarrow \begin{cases} \ddot{R} = 0 \\ \ddot{\theta} = 0 \\ \ddot{z} = 0 \end{cases}$

Le vecteur accélération devient :

$\vec{a} = -12\vec{u}_r$

Le module du vecteur accélération est :

$\|\vec{a}\| = 12\ m.s^{-2}$

4) Dans la base de Frenet, les expressions de la vitesse et de l'accélération sont données par:

- La vitesse tangentielle $\vec{v} = v\ \vec{u}_t = 10\ \vec{u}_t$
- L'accélération $\vec{a} = a_t\ \vec{u}_t + a_n \vec{u}_n$, où $a_t = \frac{dv}{dt} = 0$, et $a^2 = a_t^{\ 2} + a_n^{\ 2} \Rightarrow a_n = a = 12\ m.s^{-2}$

Concernant le rayon de courbure R, il est défini par :
$$R = \frac{v^2}{a_n} = \frac{100}{12} = 8,33 m$$

Mouvements composés et changements de référentiels

II.1 Introduction

Dans l'étude des mouvements des objets, il est essentiel de déterminer le cadre de référence à partir duquel ces mouvements sont observés et mesurés. Deux cadres de référence couramment utilisés sont le repère absolu et le repère relatif. Ces deux concepts fournissent des bases essentielles pour décrire et analyser les mouvements dans la physique et d'autres domaines scientifiques.

Le repère absolu constitue le cadre de référence fixe par rapport auquel les mouvements sont mesurés. Il offre un point d'ancrage stable, indispensable pour déterminer avec précision les positions, les vitesses et les accélérations des objets en mouvement. Ce repère absolu, souvent défini par des repères spatiaux fixes ou des points de référence immobiles, permet d'établir une base cohérente pour l'étude des mouvements dans divers contextes.

En revanche, le repère relatif représente un cadre de référence en mouvement par rapport au repère absolu. Il permet d'analyser les mouvements relatifs entre deux objets en mouvement ou entre un objet en mouvement et un autre en repos, offrant ainsi une perspective dynamique sur les phénomènes observés.

En comprenant les nuances entre le repère absolu et le repère relatif, nous serons en mesure d'aborder de manière plus approfondie les problèmes de la mécanique du point et d'appliquer ces concepts à une gamme diversifiée de situations réelles.

II.2 Etude de la position

Soit un point matériel M en mouvement par rapport à un repère $\mathcal{R}'(O', \vec{u}'_x, \vec{u}'_y, \vec{u}'_z)$ mobile (figure II.1), lui-même en mouvement par à un repère fixe $\mathcal{R}(O, \vec{u}_x, \vec{u}_y, \vec{u}_z)$.

La position de M dans le repère $\mathcal{R}$ est considérée comme la position absolue, exprimée par le vecteur :

$$\vec{OM} = x\,\vec{u}_x + y\,\vec{u}_y + z\,\vec{u}_z$$

Sa position dans le repère $\mathcal{R}'$ est sa position relative, représentée par le vecteur :

$$\vec{O'M} = x'\,\vec{u}'_x + y'\,\vec{u}'_y + z'\,\vec{u}'_z$$

La relation de Chasles appliquée aux vecteurs $\vec{OM}$ et $\vec{O'M}$ s'écrit :

$$\vec{OM} = \vec{OO'} + \vec{O'M}$$

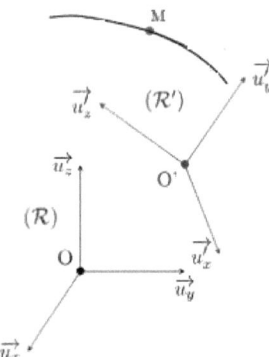

Figure II.1

II.3 Etude de la vitesse

La vitesse absolue, exprimée comme la vitesse de M par rapport à $\mathcal{R}(O, \vec{u}_x, \vec{u}_y, \vec{u}_z)$, peut être représentée par le vecteur :

$$\vec{v}_a = \frac{d\vec{OM}}{dt} = \frac{dx}{dt}\vec{u}_x + \frac{dy}{dt}\vec{u}_y + \frac{dz}{dt}\vec{u}_z$$

Pour la calculer, on dérive par rapport au temps dans le référentiel R la relation de Chasles, qui donne la position du point M. Ainsi,

$$\frac{d\overrightarrow{OM}}{dt} = \frac{d\overrightarrow{OO'}}{dt} + \frac{d\overrightarrow{O'M}}{dt}$$

Cette expression peut être réécrite comme

$$\frac{d\overrightarrow{OM}}{dt} = \frac{d\overrightarrow{OO'}}{dt} + x'\frac{d\overrightarrow{u'}_x}{dt} + y'\frac{d\overrightarrow{u'}_y}{dt} + z'\frac{d\overrightarrow{u'}_z}{dt} + \frac{dx'}{dt}\overrightarrow{u'}_x + \frac{dy'}{dt}\overrightarrow{u'}_y + \frac{dz'}{dt}\overrightarrow{u'}_z$$

En définissant $\vec{v}_e = \frac{d\overrightarrow{OO'}}{dt} + x'\frac{d\overrightarrow{u'}_x}{dt} + y'\frac{d\overrightarrow{u'}_y}{dt} + z'\frac{d\overrightarrow{u'}_z}{dt}$ et

$\vec{v}_r = \frac{dx'}{dt}\overrightarrow{u'}_x + \frac{dy'}{dt}\overrightarrow{u'}_y + \frac{dz'}{dt}\overrightarrow{u'}_z$

nous obtenons $\vec{v}_a = \vec{v}_e + \vec{v}_r$

Ici, $\vec{v}_r$ représente la vitesse relative, c'est-à-dire la vitesse du mobile M par rapport au repère R', tandis que $\vec{v}_e$ représente la vitesse d'entraînement, c'est-à-dire la vitesse du repère R' par rapport au repère R. Cette relation entre les vitesses est analogue à la relation de Chasles sur l'addition des vecteurs et est connue sous le nom de loi de composition des vitesses.

Le mouvement du référentiel R par rapport au référentiel R' peut toujours se ramener à une composition de mouvement de translation et de rotation. C'est pourquoi il est crucial d'étudier ces deux cas.

II.3.1 Référentiel R' en translation par rapport à R

Dans le référentiel R', qui se déplace en translation par rapport au référentiel R, les vecteurs unitaires du repère R' conservent leur orientation et leur direction, ce qui implique que leurs dérivées par rapport au temps sont nulles. Seule l'origine O' varie dans le temps. Ainsi, les vecteurs unitaires peuvent être exprimés comme suit :

$\vec{u}_x = \overrightarrow{u'}_x \qquad \vec{u}_y = \overrightarrow{u'}_y \qquad \vec{u}_z = \overrightarrow{u'}_z$

Cela implique que :

$$\frac{d\overrightarrow{u'}_x}{dt} = \frac{d\overrightarrow{u'}_y}{dt} = \frac{d\overrightarrow{u'}_z}{dt} = \vec{0}$$

Par conséquent, l'expression vectorielle de la vitesse $\vec{v}_e$ devient :

$$\vec{v}_e = \frac{d\overrightarrow{OO'}}{dt}$$

II.3.2 Référentiel R' en rotation par rapport à R

Considérons maintenant le cas ou le référentiel R' est en mouvement de rotation par rapport à R autour d'un axe perpendiculaire (Δ) passant par l'origine commune aux deux référentiels $O = O'$. Cela implique que le vecteur vitesse angulaire est porté par cet axe : $\vec{\omega} = \omega\, \vec{u_\Delta}$.

Il est bien connu que tout vecteur $\vec{X}$ en rotation autour de l'axe perpendiculaire, sa dérivée temporelle est donnée par :

$$\frac{d\vec{X}}{dt} = \vec{\omega} \wedge \vec{A}$$

Ainsi, nous avons :

$$\frac{d\vec{u'}_x}{dt} = \vec{\omega} \wedge \vec{u'}_x \;,\; \frac{d\vec{u'}_y}{dt} = \vec{\omega} \wedge \vec{u'}_y \;,\; \frac{d\vec{u'}_z}{dt} = \vec{\omega} \wedge \vec{u'}_z$$

La vitesse d'entrainement $\vec{v}_e$ est exprimée par :

$$\vec{v}_e = \frac{d\overrightarrow{OO'}}{dt} + x'\frac{d\vec{u'}_x}{dt} + y'\frac{d\vec{u'}_y}{dt} + z'\frac{d\vec{u'}_z}{dt}$$

Ce qui donne :

$$\vec{v}_e = x'\left(\vec{\omega} \wedge \vec{u'}_x\right) + y'\left(\vec{\omega} \wedge \vec{u'}_y\right) + z'\left(\vec{\omega} \wedge \vec{u'}_z\right)$$

Cela se simplifie en :

$$\vec{v}_e = \vec{\omega} \wedge (x'\vec{u'}_x + y'\vec{u'}_y + z'\vec{u'}_z)$$

En notant $\overrightarrow{O'M}$ comme étant $(x'\vec{u'}_x + y'\vec{u'}_y + z'\vec{u'}_z)$, Cela se réécrit comme :

$$\vec{v}_e = \vec{\omega} \wedge \overrightarrow{O'M}$$

Nous pouvons donc conclure que :

$$\left.\frac{d\overrightarrow{OM}}{dt}\right)_R = \left.\frac{d\overrightarrow{OM}}{dt}\right)_{R'} + \vec{\omega} \wedge \overrightarrow{OM}$$

Ce qui montre que :

Dériver le vecteur $\overrightarrow{OM}$ dans R n'est pas équivalent à le dériver dans R'.

Cette loi a été appliquée au vecteur position $\overrightarrow{OM}$. Elle est tout à fait générale et peut s'appliquer à n'importe quel vecteur $\vec{A}$. Ainsi, si $\vec{A}$ est un vecteur appartient à deux référentiels R et R' en rotation l'un par rapport à l'autre on a:

$$\left.\frac{d\vec{A}}{dt}\right)_R = \left.\frac{d\vec{A}}{dt}\right)_{R'} + \vec{\omega} \wedge \vec{A}$$

Par contre il est clair que si deux référentiels R et R' sont en mouvement de translation l'un par rapport à l'autre ($\vec{\omega} = \vec{0}$), la dérivée d'un vecteur $\vec{A}$ dans l'un est égale à la dérivée de ce même vecteur $\vec{A}$ dans l'autre.

II.4 Etude de l'accélération

L'accélération absolue représente l'accélération du point M par rapport au repère R, exprimée comme suit :

$$\vec{a}_a = \frac{d^2\overrightarrow{OM}}{dt^2} = \frac{d^2x}{dt^2}\vec{u}_x + \frac{d^2y}{dt^2}\vec{u}_y + \frac{d^2z}{dt^2}\vec{u}_z$$

Cette expression peut également être réécrite de la manière suivante :

$$\frac{d^2\overrightarrow{OM}}{dt^2} = \frac{d^2\overrightarrow{O'O}}{dt^2} + x'\frac{d^2\overrightarrow{u'}_x}{dt^2} + y'\frac{d^2\overrightarrow{u'}_y}{dt^2} + z'\frac{d^2\overrightarrow{u'}_z}{dt^2} + 2\left(\frac{dx'}{dt}\frac{d\overrightarrow{u'}_x}{dt} + \frac{dy'}{dt}\frac{d\overrightarrow{u'}_y}{dt} + \frac{dz'}{dt}\frac{d\overrightarrow{u'}_z}{dt}\right) + \frac{d^2x'}{dt^2}\overrightarrow{u'}_x + \frac{d^2y'}{dt^2}\overrightarrow{u'}_y + \frac{d^2z'}{dt^2}\overrightarrow{u'}_z$$

Cette équation montre comment l'accélération de M par rapport à R peut être décomposée en trois composantes distinctes :

- L'accélération relative :

$$\vec{a}_r = \frac{d^2x'}{dt^2}\overrightarrow{u'}_x + \frac{d^2y'}{dt^2}\overrightarrow{u'}_y + \frac{d^2z'}{dt^2}\overrightarrow{u'}_z$$

- L'accélération d'entraînement :

$$\vec{a}_e = \frac{d^2\overrightarrow{O'O}}{dt^2} + x'\frac{d^2\overrightarrow{u'}_x}{dt^2} + y'\frac{d^2\overrightarrow{u'}_y}{dt^2} + z'\frac{d^2\overrightarrow{u'}_z}{dt^2}$$

- L'accélération de Coriolis :

$$\vec{a}_c = 2\left(\frac{dx'}{dt}\frac{d\overrightarrow{u'}_x}{dt} + \frac{dy'}{dt}\frac{d\overrightarrow{u'}_y}{dt} + \frac{dz'}{dt}\frac{d\overrightarrow{u'}_z}{dt}\right)$$

Le résultat ci-dessus constitue la loi de composition des accélérations :

$$\vec{a}_a = \vec{a}_r + \vec{a}_e + \vec{a}_c$$

II.4.1 Référentiel R' en translation par rapport à R

Nous considérons que le référentiel R' subit un mouvement de translation par rapport à R. Selon la loi de composition des accélérations, nous avons :

$$\vec{a}_a = \vec{a}_r + \vec{a}_e$$

Où :

- L'accélération d'entrainement est définie comme :

$$\vec{a}_e = \frac{d^2\overrightarrow{O'O}}{dt^2}$$

- L'acceleration de Coriollis est nulle :

$$\vec{a}_c = \vec{0}$$

II.4.2 Référentiel R' en rotation par rapport à R

Nous visons à exprimer l'accélération du point M par rapport à R dans le contexte où le référentiel R' est en rotation par rapport à R. En utilisant la loi de composition des accélérations, nous obtenons :

$$\vec{a}_a = \vec{a}_r + \vec{a}_e + \vec{a}_c$$

➢ Pour l'accélération d'entrainement $\vec{a}_e$, selon sa définition :

$$\vec{a}_e = \frac{d^2\overrightarrow{O'O}}{dt^2} + x'\frac{d^2\vec{u'}_x}{dt^2} + y'\frac{d^2\vec{u'}_y}{dt^2} + z'\frac{d^2\vec{u'}_z}{dt^2}$$

À ce stade, il est essentiel d'appliquer la règle de dérivation :

$$\frac{d\vec{u'}_x}{dt} = \vec{\omega} \wedge \vec{u'}_x$$

La seconde dérivée de $\vec{u'}_x$ peut être exprimée en termes de sa première dérivée dans R, donc :

$$\frac{d^2\vec{u'}_x}{dt^2} = \left(\frac{d\vec{\omega}}{dt} \wedge \vec{u'}_x\right) + \left(\vec{\omega} \wedge \frac{d\vec{u'}_x}{dt}\right)$$

En résulte :

$$\vec{a}_e = x'\left[\left(\frac{d\vec{\omega}}{dt} \wedge \vec{u'}_y\right) + \left(\vec{\omega} \wedge \frac{d\vec{u'}_x}{dt}\right)\right] + y'\left[\left(\frac{d\vec{\omega}}{dt} \wedge \vec{u'}_y\right) + \left(\vec{\omega} \wedge \frac{d\vec{u'}_y}{dt}\right)\right]$$

$$+ z'\left[\left(\frac{d\vec{\omega}}{dt} \wedge \vec{u'}_z\right) + \left(\vec{\omega} \wedge \frac{d\vec{u'}_z}{dt}\right)\right]$$

$$\vec{a}_e = \left[\left(\frac{d\vec{\omega}}{dt}\wedge x'\vec{u'}_x\right) + \left(\vec{\omega}\wedge x'\frac{d\vec{u'}_x}{dt}\right)\right] + \left[\left(\frac{d\vec{\omega}}{dt}\wedge y'\vec{u'}_y\right) + \left(\vec{\omega}\wedge y'\frac{d\vec{u'}_y}{dt}\right)\right]$$
$$+ \left[\left(\frac{d\vec{\omega}}{dt}\wedge z'\vec{u'}_z\right) + \left(\vec{\omega}\wedge z'\frac{d\vec{u'}_z}{dt}\right)\right]$$

$$\vec{a}_e = \left(\frac{d\vec{\omega}}{dt}\wedge\left(x'\vec{u'}_x + y'\vec{u'}_y + z'\vec{u'}_z\right) +\right) + \vec{\omega}\wedge\left(x'\frac{d\vec{u'}_x}{dt} + y'\frac{d\vec{u'}_y}{dt} + z'\frac{d\vec{u'}_z}{dt}\right)$$

Nous trouvons :

$$\vec{a}_e = \left(\frac{d\vec{\omega}}{dt}\wedge\overrightarrow{O'M}\right) + \vec{\omega}\wedge\left(\vec{\omega}\wedge\overrightarrow{O'M}\right)$$

> Pour l'accélération de Coriolis, nous avons :

$$\vec{a}_c = 2\left(\frac{dx'}{dt}\frac{d\vec{u'}_x}{dt} + \frac{dy'}{dt}\frac{d\vec{u'}_y}{dt} + \frac{dz'}{dt}\frac{d\vec{u'}_z}{dt}\right)$$

Ce qui donne :

$$\vec{a}_c = 2\left(\frac{dx'}{dt}\left(\vec{\omega}\wedge\vec{u'}_x\right) + \frac{dy'}{dt}\left(\vec{\omega}\wedge\vec{u'}_y\right) + \frac{dz'}{dt}\left(\vec{\omega}\wedge\vec{u'}_z\right)\right)$$

$$\vec{a}_c = 2\vec{\omega}\wedge\left(\frac{dx'}{dt}\vec{u'}_x + \frac{dy'}{dt}\vec{u'}_y + \frac{dz'}{dt}\vec{u'}_z\right)$$

Sachant que:

$$\vec{v}_r = \frac{dx'}{dt}\vec{u'}_x + \frac{dy'}{dt}\vec{u'}_y + \frac{dz'}{dt}\vec{u'}_z$$

On obtient finalement :

$$\vec{a}_c = 2(\vec{\omega}\wedge\vec{v}_r)$$

II.5 Exercices résolus

Exercice 1

Un système de coordonnées mobile R'(O', x', y', z') se déplace en translation par rapport à un autre système de coordonnées fixe R (O, x, y, z) avec une vitesse $\vec{v}_e$ (1,0,0). Les coordonnées du point M par rapport à R' sont : x'= 6 t^2+3t, y'=-3t^2, z'=3, et à t = 0s, les coordonnées de M par rapport à R sont O (0,0,0).

1- Calculer la vitesse relative de ce point ainsi que sa vitesse absolue

2. En déduire les coordonnées du point M par rapport à R

3-Etablir l'expression de l'accélération relative et absolue

Corrigé:

1- La relation entre la vitesse relative $\vec{v}_r$ et la vitesse absolue $\vec{v}_a$ s'exprime comme suit :

$\vec{v}_a = \vec{v}_e + \vec{v}_r$

Donc, étant donné que $\vec{v}_e = \vec{\imath}$ et $\vec{v}_r = \frac{\overrightarrow{dO'M}}{dt} = (12t + 3)\vec{\imath} - 6t\vec{\jmath}$, nous obtenons

$\vec{v}_a = (12t + 4)\vec{\imath} - 6t\vec{\jmath}$

2- En intégrant $\vec{v}_a$ par rapport au temps, nous obtenons les équations paramétriques suivantes pour les coordonnées de M par rapport à R :

$\int d\overrightarrow{OM} = \int_0^t \vec{v}_a \, dt \Rightarrow \begin{cases} x(t) = 6t^2 + 4t + c1 \\ y(t) = -3t^2 + c2 \\ z = c3 \end{cases}$

A l'instant t = 0, $x = y = z = 0$, ce qui nous donne les conditions initiales c1 = c2 = c3 = 0

Ainsi, les coordonnées de M par rapport à R deviennent :

$x(t) = 6t^2 + 4t$

$y(t) = -3t^2$

$z = 0$

3- Pour l'expression de l'accélération relative et absolue, nous avons :

$\vec{a}_a = \frac{d\vec{v}_a}{dt} = 12\vec{\imath} - 6\vec{\jmath}$

$\vec{a}_r = \frac{d\vec{v}_r}{dt} = 12\vec{\imath} - 6\vec{\jmath}$

Exercice 2

Considérons $\mathcal{R}(O, \vec{\imath}, \vec{\jmath}, \vec{k})$ comme un référentiel absolu avec une base $(\vec{\imath}, \vec{\jmath}, \vec{k})$ et $\mathcal{R}_1(O_1, \vec{u}_1, \vec{u}_2, \vec{k})$ comme un référentiel relatif, dont l'origine O_1 se déplace en ligne droite le long de l'axe (Oz). La relation de position entre les origines est donnée par $\overrightarrow{OO_1} = a.t.\vec{k}$, où a est une constante positive et t représente le temps.

De plus, R1 tourne autour de l'axe (Oz) avec une vitesse angulaire constante ω_1, définie comme

$\vec{\omega}_1(R_1/R) = \omega_1 \vec{k}\ (\omega_1 = \dot{\theta})$. Dans le plan horizontal $(O_1, \vec{u}_1, \vec{u}_2)$, une tige (T) effectue une rotation autour de l'axe $(O_1 z)$ avec une vitesse angulaire constante ω_2, où $\varphi = \omega_2 t = \widehat{(\vec{u}_1, \vec{e}_\rho)}$ et $\vec{e}_\rho$ est le vecteur unitaire dirigé le long de la tige (T).

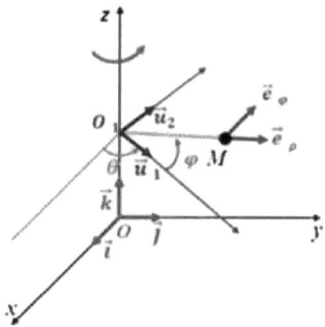

Un point M attaché à se déplacer le long de la tige (T) est repéré par $\overrightarrow{O_1 M} = \rho\, \vec{u}_\rho$, où $(\vec{e}_\rho, \vec{e}_\varphi, \vec{k})$ forme une base mobile dans R_1.

1- Touvez le vecteur vitesse relative $\vec{V}_r(M)$ de M.

2- Calculez le vecteur vitesse d'entrainement $\vec{V}_e(M)$ de M.

3- Déduisez le vecteur vitesse absolue $\vec{V}_a(M)$ de M.

4- Déterminez le vecteur accélération relative $\vec{a}_r(M)$ de M.

5- Touvez le vecteur vitesse d'entrainement $\vec{a}_e(M)$ de M.

6- Calculer le vecteur vitesse de coriolis $\vec{a}_c(M)$ de M.

7- Déduisez le vecteur accélération absolue $\vec{a}_a(M)$ de M.

Corrigé:

1- Le vecteur vitesse relative $\vec{V}_r(M)$ de M :

$$\vec{V}_r(M) = \frac{d\overrightarrow{O_1 M}}{dt}\bigg|_{R_1} = \frac{d\rho \vec{e}_\rho}{dt}\bigg|_{R_1}$$

En développant cette expression, on obtient :

$$\vec{V}_r(M) = \frac{d\rho}{dt}\vec{e}_\rho + \rho \frac{d\vec{e}_\rho}{dt}$$

Cela peut être étendu comme :

$$\vec{V}_r(M) = \dot{\rho}\,\vec{e}_\rho + \rho\,\frac{d\vec{e}_\rho}{d\varphi}\cdot\frac{d\varphi}{dt}$$

Et, en utilisant $\frac{d\vec{e}_\rho}{d\varphi} = \dot{\varphi}\vec{e}_\varphi$, on obtient :

$$\vec{V}_r(M) = \dot{\rho}\,\vec{e}_\rho + \rho\omega_2\,\vec{e}_\varphi$$

2- Le vecteur vitesse d'entrainement :

$$\vec{V}_e(M) = \frac{d\overrightarrow{OO_1}}{dt} + \vec{\omega}(R_1/R)\wedge \overrightarrow{O_1M}$$

Cela peut être exprimé plus en détail comme :

$$\vec{V}_e(M) = \frac{d(at\vec{k})}{dt} + \omega_1\vec{k}\wedge \rho\vec{e}_\rho = a\,\vec{k} + \omega_1\rho\vec{e}_\varphi$$

3. Vitesse absolue :

$$\vec{V}_a = \vec{V}_r(M) + \vec{V}_e(M)$$

En substituant les expressions pour $\vec{V}_r(M)$ et $\vec{V}_e(M)$, nous obtenons :

$$\vec{V}_a = \left(\dot{\rho}\,\vec{e}_\rho + \rho\omega_2\,\vec{e}_\varphi\right) + \left(a\,\vec{k} + \omega_1\rho\vec{e}_\varphi\right) = \dot{\rho}\,\vec{e}_\rho + \rho(\omega_2+\omega_1)\vec{e}_\varphi + a\,\vec{k}$$

4. Le vecteur accélération relative de M peut être exprimé de la manière suivante :

$$\vec{a}_r(M) = \left.\frac{d\vec{V}_r}{dt}\right|_{R_1} = \left.\frac{d(\dot{\rho}\vec{e}_\rho + \rho\dot{\varphi}\vec{e}_\varphi)}{dt}\right|_{R_1}$$

Ceci se développe en :

$$\vec{a}_r(M) = \frac{d\dot{\rho}}{dt}\vec{e}_\rho + \dot{\rho}\,\frac{d\vec{e}_\rho}{dt} + \dot{\rho}\dot{\varphi}\vec{e}_\varphi + \rho\,\dot{\varphi}\,\frac{d\vec{e}_\varphi}{dt}$$

Cela simplifie à :

$$\vec{a}_r(M) = \ddot{\rho}\vec{e}_\rho + 2\dot{\rho}\,\dot{\varphi}\vec{e}_\varphi - \rho\dot{\varphi}^2\vec{e}_\rho = (\ddot{\rho} - \rho\omega_2^2)\vec{e}_\rho + 2\dot{\rho}\omega_2\vec{e}_\varphi$$

5. Accélération d'entrainement peut être décomposée comme suit :

$$\vec{a}_e(M) = \left.\frac{d^2\overrightarrow{OO_1}}{dt^2}\right|_{R_1} + \frac{d\vec{\omega}(R_1/R)}{dt}\wedge\overrightarrow{O_1M} + \vec{\omega}(R_1/R)\wedge\left(\vec{\omega}(R_1/R)\wedge\overrightarrow{O_1M}\right)$$

$$\vec{a}_e(M) = \frac{d\omega_1\vec{k}}{dt}\wedge\rho\,\vec{e}_\rho + \omega_1\vec{k}\wedge\left(\omega_1\vec{k}\wedge\rho\,\vec{e}_\rho\right)$$

Ce qui se réduit à :

$$\vec{a}_e(M) = -\rho\omega_1^2\vec{e}_\rho$$

6. Accélération de Coriolis :

$$\vec{a}_c(M) = 2\,\vec{\omega}(R_1/R) \wedge \vec{V}_r = 2\,\vec{\omega}_1 \wedge \vec{V}_r = 2\,\omega_1 \vec{k} \wedge (\dot{\rho}\vec{e}_\rho + \rho\omega_2 \vec{e}_\varphi)$$

Cela se simplifie à :

$$\vec{a}_c(M) = 2\,\omega_1 (\dot{\rho}\vec{e}_\varphi - \rho\,\omega_2\,\vec{e}_\rho)$$

7. Le vecteur accélération absolue de M :

$$\vec{a}_a(M) = \vec{a}_r(M) + \vec{a}_e(M) + \vec{a}_c(M)$$

En substituant les expressions pour $\vec{a}_r(M)$, $\vec{a}_e(M)$, et $\vec{a}_c(M)$ nous obtenons :

$$\vec{a}_a(M) = (\ddot{\rho} - \rho\omega_2^2)\vec{e}_\rho + 2\dot{\rho}\omega_2 \vec{e}_\varphi - \rho\omega_1^2 \vec{e}_\rho + 2\,\omega_1 \dot{\rho}\vec{e}_\varphi - 2\rho\,\omega_1\,\omega_2\,\vec{e}_\rho$$

En regroupant les termes, on obtient :

$$\vec{a}_a(M) = [\ddot{\rho} - \rho(\omega_1 + \omega_2)^2]\vec{e}_\rho + 2\dot{\rho}(\omega_1 + \omega_2)\,\vec{e}_\varphi$$

 **Dynamique du point matériel**

III.1 Introduction

L'étude de la dynamique d'un point constitue un volet fondamental de la mécanique, se concentrant sur les mouvements et les forces appliquées à des objets ponctuels dans l'espace. Cette branche de la physique vise à comprendre et à prédire le comportement des particules en mouvement, en analysant les causes de ces mouvements et les conséquences des interactions entre les différentes forces qui agissent sur eux.

La dynamique d'un point repose sur les principes établis par Isaac Newton dans ses lois du mouvement. Ces lois décrivent comment les forces influencent le mouvement d'un objet, que ce soit en termes de changement de vitesse ou de modification de la trajectoire. Elles fournissent un cadre conceptuel robuste pour étudier et comprendre une grande variété de phénomènes physiques, des mouvements simples aux trajectoires complexes dans des champs gravitationnels ou électromagnétiques.

En se basant sur ces fondements, l'analyse de la dynamique d'un point implique souvent la résolution d'équations différentielles pour déterminer les trajectoires, les vitesses et les accélérations des objets en mouvement. De plus, cela nécessite la compréhension des différentes forces agissant sur le système, telles que la gravité, la force électromagnétique, la force de frottement, et d'autres encore, ainsi que leurs interactions.

Cette discipline trouve des applications dans de nombreux domaines de la science et de l'ingénierie, notamment en mécanique céleste, en ingénierie des véhicules, en robotique, et dans de nombreux autres domaines où la compréhension et la manipulation du mouvement des objets sont essentielles. En résumé, l'étude de la dynamique d'un point fournit les outils nécessaires pour modéliser et prédire le mouvement des objets dans un large éventail de contextes physiques.

III.2 Système matériel

III.2.1 Définitions

Nous définissons un système matériel comme un ensemble de points matériels. Deux types de systèmes matériels sont distingués :

- ➢ Les systèmes matériels indéformables : tous les points matériels restent immobiles les uns par rapport aux autres, correspondant à la notion de solide en mécanique
- ➢ Les systèmes matériels déformables : ceux qui ne correspondent pas à la définition d'un solide. Par exemple, deux solides sans lien entre eux forment un système déformable lorsque chacun peut se déplacer indépendamment de l'autre.

Un système matériel est dit isolé (ou fermé) lorsqu'il ne subit aucune action extérieure. Par exemple, un solide seul dans l'espace, loin de toute autre masse, est un système isolé. Si les actions extérieures agissant sur un système se compensent, on parle alors de système pseudo-isolé, où les conditions sont similaires à celles d'un système isolé.

Sur Terre, il est impossible de trouver des systèmes rigoureusement isolés en raison de l'action gravitationnelle de la Terre sur tout système matériel. Cependant, on peut rencontrer des systèmes pseudo-isolés lorsque l'action de la Terre est compensée, comme dans le cas des mobiles autoporteurs ou des objets placés sur une table soufflante. Dans ces situations, le coussin d'air compense l'action de la Terre et réduit les forces de frottement principales, telles que les frottements solide-solide. Une situation similaire se produit sur une surface horizontale glissante, comme la glace d'une patinoire.

Par la suite, pour simplifier, nous utiliserons le terme "isolé" pour désigner à la fois les systèmes effectivement isolés et les systèmes pseudo-isolés.

III.2.2 Centre d'inertie

Le centre d'inertie, également appelé centre de gravité, d'un système matériel est représenté par le point G, qui est le barycentre des positions des différents points matériels, pondérés par leur masse. Selon la définition du barycentre, le point G satisfait l'équation

$$\sum_i m_i \overrightarrow{GM_i} = \vec{0}$$

Pour un système discret constitué de n masses m_i situées aux points M_i, on aura, par rapport à un point O origine :

$$\overrightarrow{OG} = \frac{\sum_i m_i \overrightarrow{OM_i}}{\sum_i m_i} \Rightarrow m\,\overrightarrow{OG} = \sum_i m_i \overrightarrow{OM_i}$$

Avec m = masse totale du système.

III.3 Quantité de mouvement

Le vecteur quantité de mouvement d'un point matériel de masse m en mouvement avec une vitesse $\vec{v}$ est donné par :

$$\vec{p} = m\,\vec{v}$$

Ce vecteur est relatif au référentiel dans lequel la vitesse est exprimée.

Pour un système matériel composé de n masses m_i situées aux points M_i et se déplaçant à la vitesses $\vec{v}_i$, la quantité de mouvement du système est la somme des quantités de mouvement individuelles, donnée par :

$$\vec{P} = \sum_i m_i \vec{v}_i = \sum_i \vec{p}_i$$

On peut également exprimer ceci en utilisant la masse totale invariante m :

$$\vec{P} = \sum_i m_i \frac{d\overrightarrow{OM_i}}{dt} = \frac{d}{dt}\sum_i m_i \overrightarrow{OM_i} = \frac{d}{dt}\left(m\,\overrightarrow{OG}\right)$$

Ainsi, la quantité de mouvement d'un système de points matériels, avec une masse totale m, est équivalente à celle d'un point matériel de même masse situé au centre d'inertie G.

$$\vec{P} = m\,\frac{d\overrightarrow{OG}}{dt} = m\vec{V}_G$$

III.4 Référentiel Galiléen

Le référentiel galiléen est un concept central en physique, définissant un cadre de référence où les lois du mouvement conservent leur forme la plus simple et la plus générale. Ce concept, nommé d'après le physicien italien Galileo Galilei, repose sur le principe d'inertie : dans un référentiel galiléen, un objet isolé, non soumis à des forces externes, se déplace avec un mouvement rectiligne uniforme. L'existence de tels référentiels est cruciale pour la modélisation et la compréhension du mouvement des objets dans l'univers.

Différents référentiels galiléens :

1. Le référentiel terrestre :

Le référentiel terrestre est l'un des référentiels galiléens les plus courants dans notre expérience quotidienne. Pour des observations de courte durée et à petite échelle, comme la trajectoire d'un ballon lancé ou le mouvement d'une voiture sur une route droite, la surface de la Terre peut être considérée comme un référentiel galiléen. Cependant, il convient de noter que les effets de la rotation de la Terre doivent parfois être pris en compte pour des analyses plus précises.

2. Le référentiel géocentrique :

Le référentiel géocentrique est centré sur la Terre et peut être considéré comme galiléen pour des phénomènes se produisant à l'échelle terrestre et sur des périodes de temps relativement courtes. Par exemple, les mouvements des satellites en orbite autour de la Terre peuvent être décrits de manière appropriée dans un tel référentiel, en négligeant les perturbations gravitationnelles d'autres corps célestes.

3. Le référentiel héliocentrique :

Le référentiel héliocentrique, centré sur le Soleil, est souvent utilisé pour étudier le mouvement des planètes et des autres objets du système solaire. Sur des échelles de temps relativement courtes et pour des analyses locales, ce référentiel peut être considéré comme galiléen, car les effets du mouvement du Soleil à travers la galaxie sont négligeables.

Ces différents exemples illustrent comment les référentiels galiléens fournissent des cadres de référence pratiques pour l'étude du mouvement dans divers contextes, en simplifiant les analyses physiques tout en préservant la validité des lois fondamentales de la physique.

III.5 Lois de Newton

1- Première loi de Newton – Principe d'inertie

Le principe d'inertie trouve son fondement dans la notion d'un référentiel galiléen. Selon ce principe, dans un référentiel R galiléen, le centre de masse de tout système matériel mécaniquement isolé reste soit immobile, soit en mouvement rectiligne uniforme. Il est essentiel de souligner qu'en vertu de ce principe, si un système est mécaniquement isolé, c'est-à-dire s'il ne subit aucune force externe ou si les forces agissant sur lui se compensent mutuellement, alors le mouvement de son centre de masse G est rectiligne et uniforme, pouvant également être stationnaire.

L'application du principe d'inertie conduit à la loi de conservation de la quantité de mouvement du système :

$$\vec{V}_{G/R} = \overrightarrow{cste} \Rightarrow \vec{P}_{G/R} = \overrightarrow{cste} \Rightarrow \frac{d\vec{P}_{G/R}}{dt} = \vec{0}$$

Le vecteur quantité de mouvement se conserve si le principe d'inertie est vérifié.

2- Deuxième loi de Newton – Principe fondamental de la dynamique

Nous avons juste constaté que dans certains cadres de référence, si les forces agissant sur un point matériel M se compensent, sa quantité de mouvement reste constante. Ainsi, tout changement dans la quantité de mouvement indique une action non compensée de l'environnement, que l'on peut modéliser en utilisant le concept de vecteur force. La deuxième loi de Newton, également connue sous le nom de principe fondamental de la dynamique, stipule simplement que l'action d'une force entraîne une variation de la quantité de mouvement proportionnelle à celle-ci :

Dans un référentiel galiléen, la somme vectorielle des forces extérieures $\sum \vec{F}_{ext}$ appliquées à un système matériel S, dont le centre d'inertie est G et la masse m, est égale à la dérivée temporelle du vecteur quantité de mouvement

$$\sum \vec{F}_{ext} = \frac{d\vec{P}}{dt} = \frac{d(m\vec{V}_G)}{dt}$$

Si la masse du système reste constante pendant le mouvement, cette loi peut s'écrire sous la forme :

$$\sum \vec{F}_{ext} = m\frac{d\vec{V}_G}{dt} = m\vec{a}_G$$

3-Troisième loi de Newton – Principe des actions réciproques

Le principe des actions réciproques, ou principe de l'action et de la réaction, a été énoncé par Newton (troisième loi de Newton) :

Tout corps A exerçant une force sur un corps B, subit de la part de B une force d'intensité égale, de même droite d'action et de sens opposé. Autrement dit, les actions réciproques sont opposées et coaxiales.

Figure III.1 Illustration du principe des actions réciproques

Ce principe est général et s'applique aussi bien aux interactions à distance qu'aux interactions de contact, aussi bien à l'échelle macroscopique de l'univers qu'à l'échelle microscopique des particules.

III.6 Différents types de force

Afin d'appliquer de manière adéquate les principes de la mécanique, il est essentiel de mener une analyse approfondie des forces en jeu dans un système spécifique. Pour ce faire, il est primordial de définir clairement ce système afin d'identifier toutes les forces externes qui lui sont appliquées. Généralement, on distingue deux catégories de forces :

1-Les forces d'interaction à distance, telles que les forces gravitationnelles, électromagnétiques, ainsi que les forces forte et faible. Ces forces agissent entre les objets sans nécessiter un contact physique direct.

2-Les forces de contact, telles que les forces de frottement et de tension, qui résultent du contact direct entre les surfaces des objets.

III.6.1 Forces d'interaction à distance

1-force gravitationnelle

La force gravitationnelle est une interaction fondamentale de la physique qui agit entre deux objets dotés de masse. Selon la loi universelle de la gravitation énoncée par Isaac Newton, cette force est directement proportionnelle au produit des masses des deux objets et inversement proportionnelle au carré de la distance qui les sépare. Formellement, la force $\vec{f}_{12}$ qu'exerce une masse ponctuelle m_1 sur une masse ponctuelle m_2 s'écrit

$$\vec{f}_{12} = -G\,\frac{m_1 m_2}{r^2}\,\vec{u}_{12}$$

Où $\vec{u}_{12}$ représente le vecteur unitaire dirigé de m_1 vers m_2, r est la distance qui les sépare, et G est la constante de gravitation universelle (G = 6,67×10⁻¹¹ N·kg⁻²·m²).

La force gravitationnelle agit toujours dans le sens de l'attraction, c'est-à-dire qu'elle tend à rapprocher les deux objets. De manière symétrique, la force exercée par m_2 sur m_1 possède un module identique, une direction similaire, mais elle est orientée en sens inverse

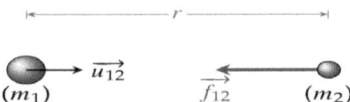

Figure III.2 Interaction gravitationnelle

2- Interaction électromagnétique

L'interaction électromagnétique se divise en deux aspects : la force électrique et la force magnétique. La force électrique entre deux particules électriquement chargées peut être soit attractive, soit répulsive. La charge électrique des particules est caractérisée par un scalaire positif ou négatif, représenté par le symbole q. Deux charges ponctuelles de même signe subissent des forces répulsives qui sont opposées et coaxiales, conformément au principe des actions réciproques. Lorsque les deux charges électriques sont de signes opposés, les forces sont attractives.

En 1785, Charles-Augustin Coulomb a mis en évidence, à l'aide d'une balance de torsion qu'il a construite lui-même, la loi qui porte désormais son nom. La force électrique, également appelée force coulombienne, entre deux charges ponctuelles immobiles dans le vide varie inversement avec le carré de la distance qui les sépare et dépend de leur quantité de charge :

$$\vec{f}_{12} = K \frac{q_1 q_2}{r^2} \vec{u}_{12}$$

Où q_1 et q_2 représentent les charges des particules, r est la distance qui les sépare, $\vec{u}_{12}$ est le vecteur unitaire dirigé de la particule chargée q_1 vers la particule chargée q_2, et K est la constante de proportionnalité ($K = \frac{1}{4\pi\varepsilon_0} = 9\ 10^9\ \text{Nm}^2\text{C}^{-2}$).

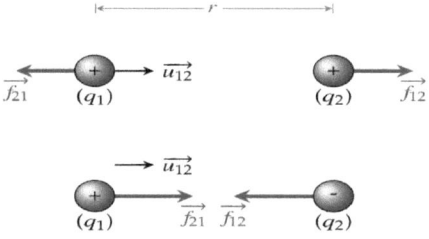

Figure III.3 Forces de Coulomb

Il est possible de faire apparaître un champ créé par une charge ponctuelle q_1 en tout point M de l'espace. Ce champ, appelé champ électrique, s'écrit :

$$\vec{E}(M) = K \frac{q_1}{r^2} \vec{u}_{12}$$

Toute charge q_2 placée dans ce champ subira une action de la part de la charge q_1 qui peut s'écrire :

$$\vec{f}_{12} = q_2 \vec{E}$$

Lorsque des charges se déplacent, une force magnétique supplémentaire se manifeste. Par exemple si l'on considère deux charges électriques q_1 et q_2 animées de vitesses respectives $\vec{v_1}$ et $\vec{v_2}$, la force électromagnétique que produit q_1 sur q_2 s'écrit sous la forme

$$\vec{f}_{12} = q_2 \vec{E_1} + q_2 \vec{v_2} \times \vec{B_1}$$

où $\vec{B_1}$ représente le champ magnétique créé par la charge q_1. Il est à noter que la force magnétique $q_2\,\vec{v_2}\times\vec{B_1}$ est toujours orthogonale à $\vec{v_2}$, ce qui contrevient au principe des actions réciproques puisqu'elle n'est pas nécessairement portée par la droite qui joint les deux charges.

3- Force faible

La force faible est responsable de certaines des interactions les plus énigmatiques et cruciales dans le monde subatomique. Cette force intervient principalement au niveau des particules subatomiques, telles que les neutrinos, les électrons et les quarks, ainsi que dans certaines interactions nucléaires. Contrairement à la gravité et à l'électromagnétisme, la force faible agit sur de très courtes distances et est considérée comme une force à courte portée.

Une caractéristique distinctive de la force faible est son rôle dans les processus de désintégration radioactive et de transformation des particules. Par exemple, la désintégration bêta, où un neutron se transforme en un proton, un électron et un neutrino, est médiée par l'interaction faible.

Bien que la force faible soit moins évidente dans les interactions quotidiennes que la gravité ou l'électromagnétisme, elle est d'une importance capitale pour comprendre la structure et le fonctionnement des particules subatomiques, ainsi que pour expliquer certains des processus les plus fondamentaux de l'univers, tels que la production d'énergie dans les étoiles et les réactions nucléaires qui alimentent le soleil.

4- Force forte

La force forte, également connue sous le nom d'interaction forte ou force nucléaire forte, est l'une des quatre forces fondamentales de la nature, aux côtés de la gravité, de l'électromagnétisme et de la force faible. Cette force est essentielle pour comprendre la structure et le comportement des particules subatomiques et joue un rôle central dans la formation et le maintien des noyaux atomiques.

Un aspect remarquable de la force forte est sa capacité à maintenir ensemble les protons et les neutrons à l'intérieur du noyau atomique, malgré la répulsion électrique entre les protons due à leur charge positive. Cette force est suffisamment puissante pour vaincre cette répulsion et lier les nucléons ensemble, formant ainsi des noyaux atomiques stables.

En dehors de son rôle dans la cohésion des noyaux atomiques, la force forte est également responsable de phénomènes tels que la fragmentation des particules lors de collisions à haute énergie, comme celles observées dans les accélérateurs de particules.

Ces deux dernières forces sortent de notre programme.

III.6.2 Forces de contacte

1- Réaction du support

La force exercée par un support horizontal sur un objet posé dessus est appelée la réaction du support. Cette réaction est répartie sur toute la surface de contact entre le support et l'objet. On peut la représenter par une force résultante englobant toutes les actions exercées sur cette surface.

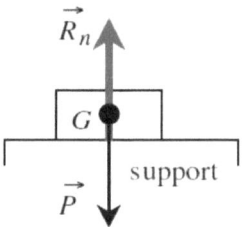

Figure III.4 Réaction d'un support

.

L'objet est soumis à deux forces externes : son poids $\vec{P}$, appliqué au centre d'inertie G, et la réaction du support $\vec{R}_n$ (voir Figure III.4). Comme l'objet est en équilibre, nous avons $\vec{P} + \vec{R}_n = \vec{0}$, ce qui implique $\vec{P} = -\vec{R}_n$

Ceci est conforme au principe des actions réciproques, où l'action de l'objet sur le support horizontal est exactement opposée à la réaction du support sur l'objet, correspondant ainsi au poids de l'objet.

2-Forces de frottement

Les forces de frottement émergent lorsqu'un objet est en mouvement ou lorsqu'une force est appliquée pour le déplacer. Dans chaque cas, elles agissent à l'encontre du mouvement désiré. Il convient de différencier deux formes de frottement : le frottement visqueux, qui survient lors du contact entre un solide et un fluide, et le frottement solide, qui se produit lorsque deux surfaces solides entrent en contact.

a- Le Frottement visqueux

Quand un solide se déplace à travers un fluide, qu'il s'agisse d'un gaz comme l'air ou d'un liquide comme l'eau, il rencontre des forces de frottement exercées par le fluide. La somme de ces forces se traduit par un vecteur force proportionnel à la vitesse de déplacement de l'objet. En utilisant une constante positive k, on peut écrire cette relation comme suit :

$$\vec{F} = -k\,\vec{v}$$

b- Le frottement solide

Le frottement solide survient lorsque deux surfaces solides entrent en contact. En présence de frottement solide, deux situations se distinguent :

1-L'adhérence se produit, empêchant ainsi le glissement tant que la force de frottement f reste inférieure à $\mu_s R_n$, où μ_s représente le coefficient de frottement statique et R_n est la force normale entre les surfaces en contact.

2-Lorsque la condition précédente n'est plus respectée, le glissement avec frottement se produit. La force de frottement s'oppose alors à la vitesse de glissement et est égale à $\mu_d R_n$, où μ_d représente le coefficient de frottement dynamique.

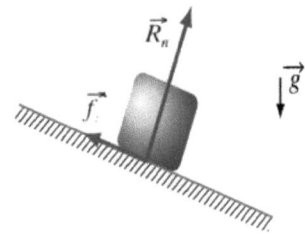

Figure III.5 force de frottement solide

3- Forces de tension

Quand on exerce une force sur un fil extensible (élastique) ou sur un ressort, il s'allonge initialement proportionnellement à la force appliquée. Ce phénomène est connu sous le nom de comportement élastique, une caractéristique typique des matériaux solides. De plus, ce comportement est réversible, ce qui signifie que le matériau retrouve sa forme initiale lorsque la force cesse d'être appliquée. Cependant, si la force dépasse un seuil critique, le comportement devient irréversible, entraînant un comportement plastique qui, généralement, prévient la rupture.

La tension dans un ressort peut être décrite en fonction de son allongement, augmentant de manière linéaire avec celui-ci. Le coefficient d'allongement est appelé la constante de raideur k du ressort. La force de tension dans un ressort, dont la longueur initiale est l_0 et étiré jusqu'à la longueur l, peut être exprimée par l'équation :

$$\vec{T} = -k\,(l - l_0)\vec{u}$$

Ici, $\vec{u}$ est un vecteur unitaire dans la direction de la déformation. Le signe négatif dans cette équation indique que la force de tension du ressort est une force de rappel qui s'oppose à la déformation.

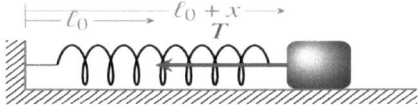

Figure III.6 Tension élastique

III.7 Moment d'une force

Lorsque nous appliquons une force à un objet, son effet ne dépend pas uniquement de sa magnitude et de sa direction, mais également de la distance à laquelle elle est exercée par rapport à un point spécifique. Le moment d'une force par rapport à ce point, noté O, mesure précisément la capacité de cette force à produire une rotation autour de O.

Mathématiquement, le moment $\vec{M}_{/O}$ d'une force $\vec{F}$ par rapport à un point O peut être représenté par le produit vectoriel du vecteur position $\vec{OA}$, reliant le point O au point d'application A de la force, et du vecteur force $\vec{F}$. Ainsi la formule du moment d'une force par rapport à un point O est :

$$\vec{M}_{/O}(\vec{F}) = \vec{OA} \wedge \vec{F}$$

En raison des propriétés du produit vectoriel, le vecteur moment est perpendiculaire à la fois à la force $\vec{F}$ et au vecteur position $\vec{OA}$. Son orientation est déterminée par la règle de la main droite, tandis que sa magnitude est évaluée par la formule :

$$\|\vec{M}_{/O}(\vec{F})\| = OA.F.\sin\theta$$

Cette équation peut également être réécrite de manière simplifiée comme suit :

$$\|\vec{M}_{/O}(\vec{F})\| = F.d$$

Où d représente la projection du point O sur la ligne d'action du $\vec{F}$

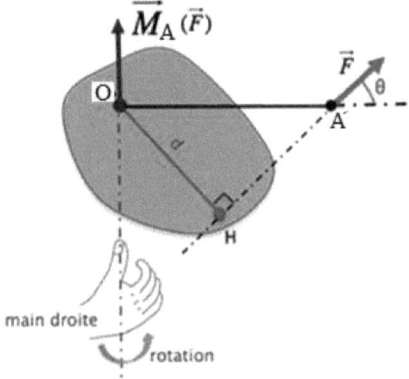

Figure III.7 Moment d'une force par rapport à un point

III.8 Moment cinétique

Le moment cinétique, également connu sous le nom de moment angulaire, est un concept fondamental en mécanique qui décrit la rotation d'un objet autour d'un axe. Il résulte du produit vectoriel entre la position et la quantité de mouvement d'une particule par rapport à un point spécifique. Pour une particule de masse m se déplaçant à une distance $\vec{r}$ par rapport à un point fixe O avec une vitesse $\vec{v}$, le moment cinétique $\vec{L}$ est donné par la formule suivante :

$$\vec{L}_{/O} = \vec{r} \wedge \vec{P}$$

Où $\vec{P} = m\vec{v}$ représente la quantité de mouvement.

Le moment cinétique est une grandeur vectorielle qui possède à la fois une magnitude (ou module) et une direction dans l'espace. Sa direction est perpendiculaire au plan formé par $\vec{r}$ et $\vec{P}$, conformément à la règle de la main droite.

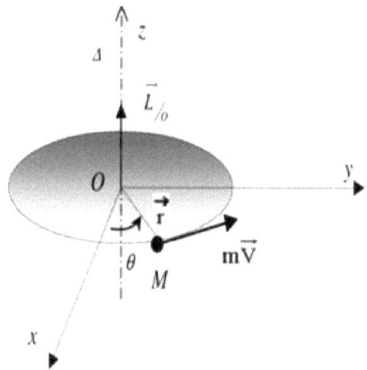

Figure III.8 Moment cinétique

III.8.1 Théorème du moment cinétique

Le théorème du moment cinétique établit la relation entre la dérivée du moment cinétique et les forces appliquées à un système. Dans un référentiel galiléen, cette dérivée est exprimée comme suit :

$$\frac{d\vec{L}_{/O}}{dt} = \frac{d}{dt}(\vec{r} \wedge m\vec{v}) = \left(\frac{d\vec{r}}{dt} \wedge m\vec{v}\right) + \left(\vec{r} \wedge \frac{dm\vec{v}}{dt}\right)$$

Ce qui se simplifie en :

$$\frac{d\vec{L}_{/O}}{dt} = (\vec{v} \wedge m\vec{v}) + \left(\vec{r} \wedge m\frac{d\vec{v}}{dt}\right)$$

Ainsi, la dérivée du moment cinétique est égale à la somme des moments des forces extérieures appliquées au point O, exprimée comme :

$$\frac{d\vec{L}_{/O}}{dt} = \vec{r} \wedge m\vec{a} = \vec{r} \wedge \sum \vec{F}_{ext} = \sum \vec{M}_{/O}(\vec{F}_{ext})$$

Ce théorème énonce que dans un référentiel galiléen, la variation temporelle du moment cinétique d'un point matériel par rapport à un point fixe O est égale à la somme des moments des forces extérieures appliquées à ce point.

Lorsque la particule est isolée, c'est-à-dire qu'aucune force externe n'agit sur elle ($\vec{F} = \vec{0}$), cela implique que le moment cinétique de la particule libre reste invariable.

De même, lorsque la force $\vec{F}$ est centrale, c'est-à-dire qu'elle est parallèle au vecteur position $\vec{r}$, alors le moment cinétique par rapport au centre de forces reste constant.

III.9 Exercices résolus

Exercice 1

Un bloc représentant une masse m_1, considéré comme un point matériel, peut se déplacer le long d'une surface horizontale avec un coefficient de frottement dynamique μ_d. Une de ces extrémités est reliée par un fil inextensible passant à travers une poulie de masse négligeable reliée à une deuxième masse m_2. Une force F, faisant un angle θ avec l'horizontale est appliquée.

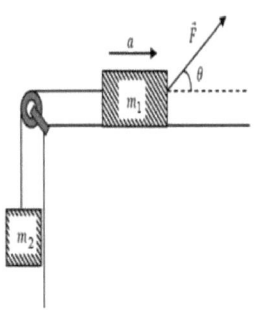

Trouver les accélérations des deux masses.

Corrigé:

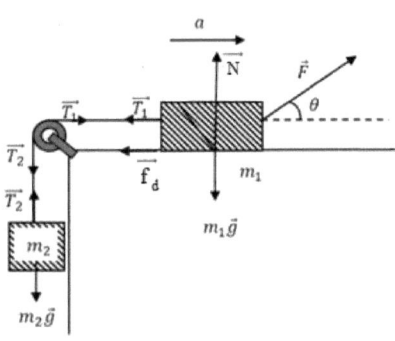

En appliquant le principe fondamental de la dynamique aux masses m_1 et m_2, nous formulons les équations suivantes :

$\sum \vec{F}_{ext} = m_1 \vec{a} \Rightarrow m_1 \vec{g} + \vec{N} + \vec{F} + \vec{f_d} + \vec{T_1} = m_1 \vec{a}$ (1)

$\sum \vec{F}_{ext} = m_2 \vec{a} \Rightarrow m_2 \vec{g} + \vec{T_2} = m_2 \vec{a}$ (2)

Puisque la masse de la poulie est négligeable, nous avons $T_1 = T_2$

En projetant les équations (1) et (2) dans la direction du mouvement, nous obtenons:

$F\cos\theta - T_1 - f_d = m_1 a$ (3)

$T_2 - m_2 g = m_2 a$ (4)

Étant donné que $f_d = \mu_d N \Rightarrow f_d = \mu_d m_1 g$ (5)

En additionnant les équations (3) et (4), en tenant compte de $T_1 = T_2$ et l'équation (5), nous obtenons :

$$a = \frac{F\cos\theta - g(m_2 + \mu_d m_1)}{m_1 + m_2}$$

Exercice 2

Un point matériel M de masse m se déplace dans un champ de force central. Le mouvement est décrit en coordonnées polaires (ρ et θ)

1) Montrer que la trajectoire du point M doit être une courbe plane.

2) Déterminer les composantes de l'accélération $\vec{a}(M)$ en fonction des coordonnées polaires (ρ, θ) et de leurs dérivées.

3) Montrer que : $\rho^2 \dot{\theta} = C$, où C est constante

4) Montrer que le moment cinétique est conservé et en déduire son module

5) Montrer qu'en introduisant $\rho = 1/u$, l'équation différentielle de la trajectoire du point M est :

$$\frac{d^2 u}{d\theta^2} + u = -\frac{f(1/u)}{mC^2 u^2}$$

Corrigé:

1) Soit $\vec{F} = f(\rho) \vec{u}_\rho$ le champ de force central. On a alors

$\overrightarrow{OM} \wedge \vec{F} = \rho \vec{u}_\rho \wedge f(\rho) \vec{u}_\rho = \vec{0}$

$\vec{F} = m \frac{d\vec{v}}{dt}$; on peut donc écrire cette relation sous la forme

$$\vec{\rho} \wedge \frac{d\vec{v}}{dt} = \vec{0}$$

Ou $\frac{d}{dt}(\vec{\rho} \wedge \vec{v}) = \vec{0}$

et nous trouvons par intégration

$$\vec{\rho} \wedge \vec{v} = \vec{C}$$

Où $\vec{C}$ est un vecteur constant. Faisons le produit scalaire des deux membres de la relation précédente par $\vec{\rho}$:

$$\vec{\rho}.\vec{C} = \vec{0}$$

$\vec{\rho}$ est donc perpendiculaire au vecteur constant $\vec{C}$, et le mouvement a lieu dans un plan. Nous prenons ce plan comme plan xOy et nous plaçons l'origine au centre de force.

2) En système des coordonnées polaires :

On a $\overrightarrow{OM} = \vec{\rho} = \rho \vec{u}_\rho \Rightarrow \vec{v} = \dot{\rho}\,\vec{u}_\rho + \rho\dot{\theta}\,\vec{u}_\theta$

Ce qui donne le vecteur accélération :

$$\vec{a} = (\ddot{\rho} - \rho\dot{\theta}^2)\vec{u}_\rho + (2\dot{\rho}\dot{\theta} + \rho\ddot{\theta})\vec{u}_\theta$$

3) En appliquant le principe fondamental de la dynamique (PFD), on aura :

$$m\vec{a} = \vec{F} = F(\rho)\vec{u}_\rho$$

Ce qui implique que : $\begin{cases} m(\ddot{\rho} - \rho\dot{\theta}^2) = F(\rho) & (1) \\ (2\dot{\rho}\dot{\theta} + \rho\ddot{\theta}) = 0 & (2) \end{cases}$

$(2) \Rightarrow \frac{1}{\rho}\frac{d}{dt}(\rho^2\dot{\theta}) = 0 \Rightarrow \rho^2\dot{\theta} = Cst = C$

4) Le moment cinétique de M est donné par :

$$\vec{L}_{/O} = \overrightarrow{OM} \wedge m\vec{v} = \rho\vec{u}_\rho \wedge m(\dot{\rho}\,\vec{u}_\rho + \rho\dot{\theta}\,\vec{u}_\theta) = m\rho^2\dot{\theta}\,\vec{u}_z$$

En appliquant le théorème du moment cinétique, on obtient :

$$\frac{d\vec{L}_{/O}}{dt} = \vec{M}_{/O}(\vec{F}) = \overrightarrow{OM} \wedge \vec{F} = \vec{0} \Rightarrow \vec{L}_{/O} = \vec{C}$$

Donc le moment cinétique est conservé

Soit : $\|\vec{L}_{/O}\| = m\rho^2\dot{\theta}$

On en déduit encore que : $\rho^2 \dot{\theta} = \frac{\|\vec{L}_{/O}\|}{m} = Cst = C$

5) D'après la réponse de la question 3, on a

$\rho^2 \dot{\theta} = C$ ou $\dot{\theta} = C/\rho^2 = Cu^2$

En portant ces expressions dans l'équation (1), on trouve

$m(\ddot{\rho} - C^2/\rho^3) = F(\rho)$ (3)

En posant $\rho = 1/u$, il vient

$\dot{\rho} = \frac{d\rho}{dt} = \frac{d\rho}{d\theta}\frac{d\theta}{dt} = \frac{C}{\rho^2}\frac{d\rho}{d\theta} = -C\frac{du}{d\theta}$

$\ddot{\rho} = \frac{d\dot{\rho}}{dt} = \frac{d}{dt}\left(-C\frac{du}{d\theta}\right) = \frac{d}{d\theta}\left(-C\frac{du}{d\theta}\right)\frac{d\theta}{dt} = -C^2 u^2 \frac{d^2 u}{d\theta^2}$

On voit donc que l'on peut écrire (3) sous la forme

$m\left(-C^2 u^2 \frac{d^2 u}{d\theta^2} - C^2 u^3\right) = F(1/u)$

Ou encore sous la forme demandée

$\frac{d^2 u}{d\theta^2} + u = -\frac{f(1/u)}{mC^2 u^2}$

Exercice 3

Considérons une masse ponctuelle m suspendue à un fil inextensible de longueur l, écartée de sa position d'équilibre. La position de la masse m est repérée par l'angle θ entre la verticale et la direction du fil. A l'instant t = 0, la masse est relâchée sans vitesse initiale, lorsque le fil forme un angle θ_0 avec la verticale. Etablir l'équation différentielle du mouvement en utilisant :

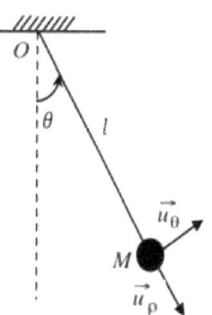

1- Le principe fondamental de la dynamique.

2-Le théorème du moment cinétique.

3- Trouver l'expression de la vitesse de la masse m.

4- Déduire l'expression de la force de tension T du fil.

Corrigé:

La masse m est sous l'effet de deux forces : la tension du fil $\vec{T}$ et son poids $\vec{P}$.

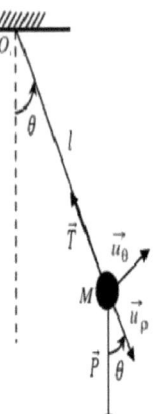

1- En appliquant le principe fondamental de la dynamique :
$$\vec{P} + \vec{T} = m\vec{a}$$

Le système de coordonnées polaires est approprié, avec la base $(\vec{u}_\rho, \vec{u}_\theta)$. En exprimant le vecteur accélération dans cette base on a
$$\vec{P} + \vec{T} = m\vec{a} = m(-l\dot{\theta}^2 \vec{u}_\rho + l\ddot{\theta}\, \vec{u}_\theta)$$

Par projection:

Selon $\vec{u}_\rho$: $mg\cos\theta - T = -ml\dot{\theta}^2$ (1)

Selon $\vec{u}_\theta$: $-mg\sin\theta = ml\ddot{\theta}$ (2)

L'équation différentielle du mouvement est alors :
$$\ddot{\theta} + \frac{g}{l}\sin\theta = 0$$

2- L'équation différentielle précédente aurait pu être obtenue directement par le théorème du moment cinétique :
$$\frac{d\vec{L}_{/O}}{dt} = \sum \vec{M}_{/O}(\vec{F}_{ext})$$

Avec :
$$\vec{L}_{/O} = \overrightarrow{OM} \wedge m\vec{v} = l\vec{u}_\rho \wedge ml\dot{\theta}\vec{u}_\theta = ml^2\dot{\theta}\vec{u}_z$$
$$\vec{M}_{/O}(\vec{T}) = \overrightarrow{OM} \wedge \vec{T} = l\vec{u}_\rho \wedge (-T\vec{u}_\rho) = \vec{0}$$
$$\vec{M}_{/O}(\vec{P}) = \overrightarrow{OM} \wedge \vec{P} = l\vec{u}_\rho \wedge (mg\cos\theta\, \vec{u}_\rho - mg\sin\theta\, \vec{u}_\theta)$$
$$= -mgl\sin\theta\,(\vec{u}_\rho \wedge \vec{u}_\theta)$$
$$= -mgl\sin\theta\, \vec{u}_z$$

En appliquant le théorème du moment cinétique, on obtient :
$$\frac{d\vec{L}_{/O}}{dt} = \vec{M}_{/O}(\vec{T}) + \vec{M}_{/O}(\vec{P}) \Rightarrow l^2\ddot{\theta} = -gl\sin\theta \Rightarrow \ddot{\theta} + \frac{g}{l}\sin\theta = 0$$

3- La relation entre la vitesse v et la vitesse angulaire $\dot{\theta}$ est donnée par $v = l\dot{\theta}$
En utilisant l'équation (2), nous avons :

$$l\ddot{\theta} = \frac{dv}{dt} = -g\sin\theta \Rightarrow \frac{dv}{d\theta}\frac{d\theta}{dt} = -g\sin\theta \Rightarrow \dot{\theta}\frac{dv}{d\theta} = -g\sin\theta$$

Cela peut être réécrit comme :

$$v\frac{dv}{d\theta} = -lg\sin\theta \Rightarrow vdv = -lg\sin\theta\, d\theta$$

En intégrant cette équation, on obtient :

$$\int_0^v vdv = \int_{\theta_0}^\theta -lg\sin\theta\, d\theta$$

Ainsi, l'expression de la vitesse est :

$$v = \sqrt{2lg(\cos\theta - \cos\theta_0)}$$

4- Expression de la force de tension T du fil

La relation (1), devient :

$$T = ml\dot{\theta}^2 + mg\cos\theta \Rightarrow T = m\frac{v^2}{l} + mg\cos\theta$$

Ainsi, l'expression de la tension T est :

$$T = mg(3\cos\theta - 2\cos\theta_0)$$

Exercice 4

Un corps M de masse m glisse sans frottement sur une surface circulaire de rayon R, le corps M est lancé sans vitesse initiale du point A.

1-On utilise le principe fondamental, monter que :

$$\frac{dv}{dt} = g\sin\theta \quad (i)\ ;\quad \frac{v^2}{R} = -\frac{N}{m} + g\cos\theta \quad (ii)$$

où v désigne la vitesse de m, et N la force de contact entre m et la surface.

2) On utilise le théorème de moment cinétique, retrouver (i).

3) Déterminer l'expression de v et de N.

4) Trouver la position où le mobile quitte la trajectoire circulaire.

Corrigé:

1) Le mobile M de masse m est soumis à deux forces : son poids $\vec{P}$ et la réaction du support $\vec{N}$

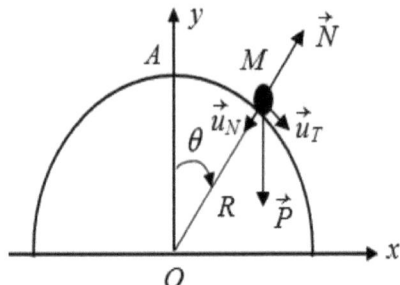

En appliquant le principe fondamental de la dynamique :

$$\sum \vec{F}_{ext} = m\vec{a} \implies \vec{P} + \vec{N} = m\vec{a}$$

L'accélération $\vec{a}$ dans le système des coordonnées intrinsèques (la base de Frenet) est donnée par :

$$\vec{a} = \frac{dv}{dt}\vec{u}_T + \frac{v^2}{R}\vec{u}_N$$

La projection sur $\vec{u}_T$ donne :

$$mg\sin\theta = m\frac{dv}{dt} \implies \frac{dv}{dt} = g\sin\theta$$

La projection sur $\vec{u}_N$ donne :

$$-N + mg\cos\theta = m\frac{v^2}{R} \implies \frac{v^2}{R} = -\frac{N}{m} + g\cos\theta$$

2) En appliquant le théorème du moment cinétique :

$$\vec{L}_{/O} = \overrightarrow{OM} \wedge m\vec{v} = -R\,\vec{u}_N \wedge mv\,\vec{u}_T = -Rmv\,\vec{k}$$

$$\vec{M}_{/O}(\vec{N}) = \overrightarrow{OM} \wedge \vec{N} = R\,\vec{u}_N \wedge (-N\vec{u}_N) = \vec{0}$$

$$\vec{M}_{/O}(\vec{P}) = \overrightarrow{OM} \wedge \vec{P} = -R\vec{u}_N \wedge (mg\sin\theta\,\vec{u}_T + mg\cos\theta\,\vec{u}_N) = -mgR\sin\theta\,\vec{k}$$

$$\frac{d\vec{L}_{/O}}{dt} = \vec{M}_{/O}(\vec{T}) + \vec{M}_{/O}(\vec{P}) \implies \frac{dv}{dt} = g\sin\theta$$

3) v et N en fonction de θ, m, g :

$$\frac{dv}{dt} = g\sin\theta \Rightarrow v\frac{dv}{dt} = vg\sin\theta = gR\sin\theta\,\frac{d\theta}{dt}$$

En intégrant cette relation, nous obtenons :

$$\int_0^v v\,dv = \int_0^\theta R\,g\sin\theta\,d\theta \Rightarrow \frac{v^2}{2} = Rg[-\cos\theta]_0^\theta$$

Par conséquent, l'expression de la vitesse est :

$$v = \sqrt{2\,Rg(1-\cos\theta)}$$

Cela conduit ensuite à :

$$N = mg(3\cos\theta - 2)$$

4) m quitte la surface lorsque $N = 0$, alors $\cos\theta = \frac{2}{3}$ ce qui implique $\theta = 48.19^0$

Chapitre IV

Travail et Energie

À l'exception de systèmes simples, la résolution des équations du mouvement est généralement complexe et demande l'utilisation de méthodes numériques. Toutefois, il est fréquemment envisageable d'identifier des lois de conservation qui, bien qu'elles ne permettent pas une résolution exhaustive du problème, fournissent au moins une caractérisation partielle de l'évolution du système. Nous examinerons comment le concept d'énergie mène à ce type de loi.

IV.1 Travail d'une force

Si une force $\vec{F}$ agissant sur un point matériel lui fait subir un déplacement $d\vec{l}$, le travail effectué par la force sur le point matériel est défini par la relation

$$dW = \vec{F}.d\vec{l} \qquad (IV.1)$$

puisque seule la composante de $\vec{F}$

Figure IV.1

dans la direction de $d\vec{l}$ sert véritablement à produire le mouvement. Le travail total produit par un champ de force (champ de vecteurs) $\vec{F}$ en déplaçant un point matériel d'un point A à un point B le long de la courbe C (Fig. IV.1) est représenté par une intégrale curviligne

$$W_A^B = \int_C \vec{F}.d\vec{l} = \int_A^B \vec{F}.d\vec{l} \qquad (IV.2)$$

Cette expression exprime la circulation du vecteur $\vec{F}$ sur le parcours AB. Ce travail peut dépendre du trajet suivi et, pour un circuit fermé, du sens de parcours. On observe que lorsque la force forme un angle aigu avec le vecteur de déplacement, le travail est positif, indiquant un travail moteur. En revanche, si la force forme constamment un angle obtus avec le vecteur de déplacement, le travail est négatif, signalant un travail résistant. Enfin, lorsque la force est orthogonale au déplacement, le travail est nul, ce qui signifie que la force agit uniquement en courbant la trajectoire sans modifier la norme de la vitesse comme nous le verrons plus loin.

IV.2 Exemples de calcul du travail

IV.2.1 Travail de la pesanteur

Notez que dans le cas d'une force uniforme, l'expression du travail se simplifie à

$$W_A^B = \vec{F}.\overrightarrow{AB} \qquad (IV.3)$$

Un exemple typique de cette situation concerne le travail de la force de pesanteur. Supposons qu'une masse m se déplace d'un point A à une altitude Z_A à un point B à une altitude Z_B, et calculons le travail du poids de cet objet au cours de ce déplacement. Le trajet de A à B est considéré comme arbitraire, ce qui signifie que le chemin entre A et B peut suivre différentes trajectoires. Le poids est une force constante en magnitude et en direction. L'expression du travail du poids est obtenue en utilisant les coordonnées des points A et B ainsi que les composantes du vecteur $\vec{g}$ dans un repère cartésien (O, x, y, z).

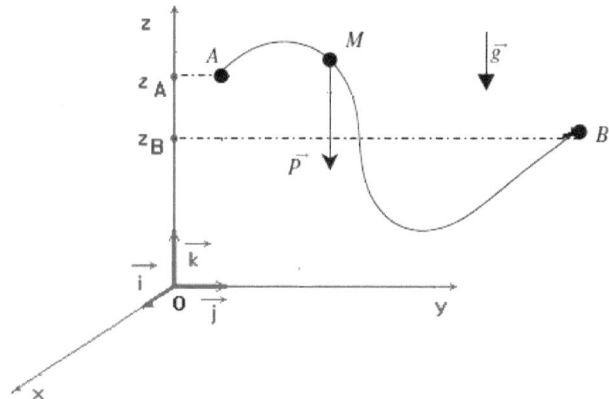

Figure IV.2

En orientant l'axe Oz vers le haut (voir figure IV.2), nous pouvons formuler cela de la manière suivante :

$$\vec{P} = m\vec{g} = \begin{pmatrix} 0 \\ 0 \\ -mg \end{pmatrix} \text{ et } \overrightarrow{AB} = \begin{pmatrix} x_B - x_A \\ y_B - y_A \\ z_B - z_A \end{pmatrix}$$

Soit :

$$W_A^B = \vec{P}.\overrightarrow{AB} = mg\,(z_A - z_B)$$

Dans ce cas ce travail est indépendant de la forme du trajet mais uniquement de la différence d'altitude

IV.2.2 Travail de la tension élastique

Considérons un ressort de constante de raideur k et de longueur au repos l_0, auquel une masse m est suspendue, comme illustré dans la figure IV.3.

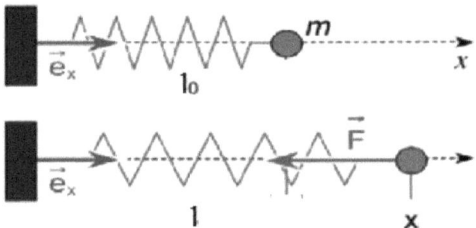

Figure IV.3

Le ressort et la masse se trouvent dans un plan horizontal, et notre attention est focalisée exclusivement sur la tension du ressort. La force élastique $\vec{F}$ ou la force de tension du ressort, varie en fonction de l'étirement du ressort k. En conséquence, elle n'est pas constante au cours du déplacement. Pour calculer le travail de cette force, il est nécessaire de déterminer le travail élémentaire effectué par cette force sur un déplacement infiniment petit. En utilisant les conventions d'orientation des vecteurs de la figure IV.3, l'expression de la tension est la suivante :

$$\vec{F} = -k(l - l_0)\vec{e}_x = -kx\vec{e}_x$$

Le travail élémentaire de la force élastique $\vec{F}$ au cours du déplacement de la masse de la position x à $x + dx$ est ainsi déterminé par :

$$dW = \vec{F}.d\vec{l} = -kx\vec{e}_x.dx\,\vec{e}_x = -kxdx = -d\left(\frac{1}{2}kx^2\right) \quad (IV.4)$$

En partant du point A avec un allongement x_A pour atteindre le point B avec un allongement x_B l'expression du travail sera la suivante :

$$W_A^B = \int_{x_A}^{x_B} \vec{F}.d\vec{l} = \int_{x_A}^{x_B} -kxdx = \frac{1}{2}k\,(x_A^2 - x_B^2)$$

Nous constatons que Le travail de la force élastique est invariant par rapport au trajet parcouru ; il dépend exclusivement des allongements initiaux et finaux.

IV.2.3 Travail de la force d'interaction gravitationnelle

Deux objets quelconques de masse M et m et situés à la distance $r = SC$ l'une de l'autre sont attirés l'une vers l'autre par la force de gravitation

$$\vec{F}(r) = \vec{F}_{M \to m} = -\vec{F}_{m \to M} = -\frac{GMm}{r^2}\vec{u}$$

où G est une constante de l'attraction universelle

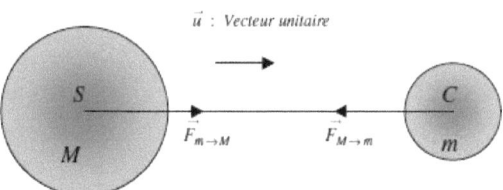

Figure IV.4

Calculons à présent le travail élémentaire de la force gravitationnelle exercée sur une masse m au cours du déplacement $d\vec{l}$ avec $d\vec{l}.\vec{u} = dr$ la composante du vecteur déplacement élémentaire suivant la direction $\vec{u}$ (figure IV.4). On obtient alors :

$$dW = \vec{F}.d\vec{l} = -\frac{GMm}{r^2}dr = d\left(\frac{GMm}{r}\right) \quad (IV.5)$$

Le travail de cette force pour aller d'un point A à un point B quelconque vaut :

$$W_A^B = \int_{r_A}^{r_B} \vec{F}.d\vec{l} = GMm\left(\frac{1}{r_B} - \frac{1}{r_A}\right)$$

IV.2.4 Travail de la force magnétique

Prenons en considération une particule possédant une charge q en mouvement à la vitesse $\vec{v}$ au sein d'un champ magnétique $\vec{B}$. La force magnétique exercée sur la particule peut être exprimée par :

$$\vec{F} = q\left(\vec{v} \times \vec{B}\right)$$

Le travail élémentaire de cette force au cours d'un déplacement le long de sa trajectoire est exprimé par :

$$dW = \vec{F}.\vec{dl} = q\left(\vec{v} \times \vec{B}\right).\vec{dl} = q\left(\vec{v} \times \vec{B}\right).\vec{v}\,dt = 0$$

Il demeure constamment nul, car le déplacement élémentaire de la particule est toujours perpendiculaire à la force $\vec{F}$. Par conséquent, on peut conclure que la force magnétique n'accomplit aucun travail le long de sa trajectoire.

IV.3 Puissance d'une force

Pour évaluer l'efficacité d'une force en termes de travail effectué par unité de temps, on utilise le concept de puissance mécanique. La puissance d'une force, notée P, est définie comme la dérivée du travail par rapport au temps :

$$P = \frac{dw}{dt} = \frac{\vec{F}.\vec{dl}}{dt} = \vec{F}.\vec{v}$$

où $\vec{v}$ est la vitesse du point d'application de la force

Il est donc clair que le travail d'une force sur un trajet C_{AB} peut aussi s'exprimer à partir de la puissance :

$$W_A^B = \int_{t_A}^{t_B} P.dt \qquad (IV.6)$$

où t_A et t_B sont les instants où le point M se trouve en A et B.

IV.4 Énergie cinétique : théorème

L'énergie cinétique est l'énergie liée au mouvement d'un corps physique. Dans le cas d'un point matériel M de masse m, animé d'une vitesse $\vec{v}$ dans un référentiel galiléen donné, l'énergie cinétique est définie par :

$$E_C = \frac{1}{2}mv^2$$

Supposons maintenant que ce point M va se mouvoir du point A vers le point B sous l'action d'un ensemble de forces extérieures. Le principe fondamental de la dynamique nous donne

$$m\frac{d\vec{v}}{dt} = \sum \vec{F}_{ext}$$

Multiplions par $\vec{v}$ cette expression. En remarquant que

$$\vec{v}.\frac{d\vec{v}}{dt} = \frac{1}{2}\frac{d(\vec{v}.\vec{v})}{dt} = \frac{1}{2}\frac{d(v^2)}{dt}$$

Il vient

$$\frac{d}{dt}\left(\frac{1}{2}mv^2\right) = \sum \vec{F}_{ext}.\vec{v}$$

Le terme de droite correspond à la somme des puissances mécaniques. Le terme de gauche est la dérivée de l'énergie cinétique. Nous avons donc obtenu une équation d'évolution de l'énergie cinétique :

$$\frac{d}{dt}(E_C) = \sum_k P_k$$

Si nous intégrons cette équation sur le temps entre les instants t_A et t_B, on obtient :

$$\Delta E_C = E_C(B) - E_C(A) = \sum W_A^B(\vec{F}_{ext})$$

Dans ces conditions, nous observons que la variation d'énergie cinétique du point matériel est égale au travail de toutes les forces appliquées sur ce point, ce qui constitue la forme intégrale d'un théorème appelé théorème de l'énergie cinétique.

Théorème de l'énergie cinétique

Dans un référentiel galiléen, l'énergie cinétique d'un point matériel M soumis à un ensemble de forces extérieures vérifie la loi d'évolution :

$$\frac{d}{dt}(E_C) = \sum_k P_k \quad \text{[Forme différentielle]} \quad (IV.7)$$

$$\Delta E_C = E_C(B) - E_C(A) = \sum W_A^B(\vec{F}_{ext}) \quad \text{[Forme intégrale]} \quad (IV.8)$$

IV.5 Énergie potentielle

Suite à l'énergie cinétique, liée à la vitesse d'un point matériel, l'énergie potentielle constitue une autre forme essentielle d'énergie qui facilite la simplification de certaines discussions. Pour la décrire, il est crucial de faire la distinction entre deux catégories de forces externes :

- ❖ **Les forces conservatives** Il s'agit de forces pour lesquelles le travail accompli ne dépend pas du chemin suivi, uniquement mais du point de départ et du point d'arrivée. Ainsi, si le trajet se referme sur lui-même, le travail est nul. Réciproquement, une force dont le travail est nul quel que soit le circuit fermé parcouru par le point d'application est nécessairement conservative. En résumé,

$$\oint_\Gamma \vec{F}.d\vec{l} = 0 \; \forall \; \Gamma \iff \vec{F} \; est \; conservative$$

- ❖ **Les forces non conservatives** dont le travail varie en fonction du trajet suivi, telles que les forces de frottement, par exemple. Si l'on considère une force de frottement $\vec{F} = -k\vec{v}$ où k est positif. Son travail élémentaire peut s'écrire

$$dW = -k\vec{v}.d\vec{l} = -k\vec{v}\frac{d\vec{l}}{dt}dt = -kv^2 dt$$

Le travail dépend évidemment du chemin pour aller de A à B, il suffit d'imaginer deux chemin de longueurs différentes parcourus à la même vitesse, le temps sera différent. Il n'existe pas de différentielle totale pour ce travail.

Pour une force conservative, il existe une fonction d'état appelée énergie potentielle E_p telle que :

$$E_p(B) - E_p(A) = - \int_A^B \vec{F}.d\vec{l} = -W_A^B(\vec{F}) \qquad (IV.9)$$

À partir de l'expression intégrale $(IV.9)$, il est envisageable d'obtenir la définition différentielle de l'énergie potentielle en mettant en évidence le travail élémentaire de la force conservative, à savoir :

$$dE_p = -\vec{F}.d\vec{l} = -dW \qquad (IV.10)$$

Finalement la différentielle de l'énergie potentielle peut être formulée en termes du gradient de E_p :

$$dE_p = -\vec{\nabla}E_p.d\vec{l}$$

Cela conduit à la définition locale de l'énergie potentielle :

$$\vec{\nabla}E_p = -\vec{F} \qquad (IV.11)$$

Les trois formes mentionnées ci-dessus sont équivalentes entre elles.

La caractéristique essentielle d'une force conservative est qu'elle est constamment orientée vers les valeurs décroissantes de l'énergie potentielle. Par conséquent, la force aura pour effet de conduire le point matériel vers la région où l'énergie potentielle est minimale. La Table IV.1 récapitule quelques énergies potentielles associées à quelques forces.

Tableau IV.1 Évaluation du caractère conservatif ou non de certaines interactions classiques

Force	Expression	Statut	Energie potentielle
Pesanteur	$\vec{P} = m\vec{g}$	Conservative	$E_p = mgz + C$
Tension élastique	$\vec{F} = -k(l - l_0)\vec{e}_x$ $= -kx\vec{e}_x$	Conservative	$E_p = \frac{1}{2}kx^2 + C$
Force de gravitation	$\vec{F} = -\frac{GMm}{r^2}\vec{u}$	Conservative	$E_p = \frac{GMm}{r} + C$
Force magnétique	$\vec{F} = q(\vec{v} \times \vec{B})$	Ne travail pas	
Frottement Solide/Solide	$\vec{F} = \mu \vec{N}$	Non conservative	
Frottement fluide/Solide	$\vec{F} = -k\vec{v}$	Non conservative	

La détermination de l'énergie potentielle implique systématiquement l'introduction d'une constante scalaire. Cette constante ne possède aucune signification physique, car elle ne joue aucun rôle dans les grandeurs mesurables telles que la force, le travail….etc. Par conséquent, il est possible de l'assigner arbitrairement à zéro, ce qui équivaut à établir une origine des énergies potentielles.

IV.6 Énergie mécanique

Soit une particule de masse m, animée d'une vitesse $\vec{v}$ dans un référentiel galiléen donné. Elle est soumise à des forces conservatives $\sum(\vec{F_C})$ et à des forces non-conservatives $\sum(\vec{F_{NC}})$. On applique le théorème de l'énergie cinétique entre deux positions quelconques A et B

$$E_C(B) - E_C(A) = \sum W_A^B(\vec{F}_{ext}) = \sum W_A^B(\vec{F_C}) + \sum W_A^B(\vec{F_{NC}})$$

En dénommant E_p l'énergie potentielle totale, résultant de la somme des énergies potentielles associées à chaque force conservative, on peut formuler :

$$E_C(B) - E_C(A) = E_p(A) - E_p(B) + \sum W_A^B(\vec{F_{NC}})$$

En faisant passer l'énergie potentielle dans le membre de gauche et en regroupant les fonctions qui dépendent uniquement de B et de A, on obtient :

$$[E_C(B) + E_p(B)] - [E_C(A) + E_p(A)] = \sum W_A^B(\vec{F_{NC}})$$

Par définition, on appelle énergie mécanique (notée E_m) la somme de l'énergie cinétique et de l'énergie potentielle :

$$E_m = E_C + E_p$$

L'introduction de cette fonction permet de simplifier considérablement la description du bilan énergétique d'un système par la relation suivante :

$$E_m(B) - E_m(A) = \sum W_A^B(\vec{F_{NC}})$$

ce qui aboutit au théorème de l'énergie mécanique :

Théorème de l'énergie mécanique

La variation de l'énergie mécanique d'un système entre deux points A et B correspond à la somme des travaux effectués par les forces extérieures non conservatives appliquées à ce système.

Lorsqu'un système dynamique n'est soumis qu'à des forces conservatives, l'énergie mécanique se conserve au cours du mouvement :

$E_m(B) = E_m(A) = constante$

Par conséquent : $dE_m/dt = 0$

IV.7 Exercices résolus

Exercice 1

Soit la force $\vec{F}$ est donnée par $\vec{F} = (x^2 + y)\vec{i} + (x - y)\vec{j}$

1) Calculez le travail de $\vec{F}$ le long des chemins suivants :

a) De $O\ (0,0) \to B\ (0,1) \to A\ (1,1)$.

b) Sur la droite de $O(0,0)$ à $A(1,1)$.

c) Sur la parabole $(y = x^2)$ de $O(0,0)$ à $A(1,1)$.

d) Sur le chemin fermé de $O\ (0,0) \to B\ (0,1) \to A\ (1,1) \to C\ (1,0) \to O\ (0,0)$.

2) Calculez $\overrightarrow{rot}\ \vec{F}$.

3) Tirez une conclusion.

4) Déterminez l'énergie potentiel E_p. On donne $E_p(0,0) = 0$

5) Calculez directement le travail de $\vec{F}$ de $O(0,0)$ à $A(1,1)$.

Corrigé :

1) Le travail de la force $\vec{F}$ est exprimée par la formule suivante :

$W = \int \vec{F}.d\vec{l} = \int F_x dx + F_y dy = \int (x^2 + y)dx + (x - y)dy$ \hfill (1)

a) En suivant le chemin $O\ (0,0) \to B\ (0,1) \to A\ (1,1)$:

$W_{O \to B \to A} = W_{O \to B} + W_{B \to A}$

De O vers B, nous avons $0 < y < 1$ et $x = 0 \Rightarrow dx = 0$. En remplaçant dans (1) :

$$W_{O \to B} = \int_0^1 -y\, dy = -\frac{1}{2}$$

De B vers A, nous avons $0 < x < 1$ et $y = 1 \Rightarrow dy = 0$. En remplaçant dans (1) :

$$W_{B \to A} = \int_0^1 (x^2 + 1)dx = \frac{4}{3}$$

$$W_{O \to B \to A} = W_{O \to B} + W_{B \to A} = \frac{5}{6}$$

b) En suivant la droit $O\,(0,0) \to A\,(1,1)$: L'équation de la droite est $y = x \Rightarrow dy = dx$. En remplaçant dans (1) :

$$W_{O \to A} = \int_0^1 (x^2 + x)dx = \frac{5}{6}$$

c) En suivant la parabole $y = x^2 \Rightarrow dy = 2x\, dx$. En remplaçant dans (1) :

$$W_{O \to A} = \int_0^1 (4x^2 - 2x^3)dx = \frac{5}{6}$$

d) En suivant le chemin fermé $O\,(0,0) \to B\,(0,1) \to A\,(1,1) \to C\,(1,0) \to O\,(0,0)$

$$W_{O \to B \to A \to C \to O} = W_{O \to B} + W_{B \to A} + W_{A \to C} + W_{C \to O} = -\frac{1}{2} + \frac{4}{3} - \frac{1}{2} - \frac{1}{3} = 0$$

2) $\overrightarrow{rot}\,\vec{F} = \begin{vmatrix} \vec{i} & \vec{j} & \vec{k} \\ \frac{\partial}{\partial x} & \frac{\partial}{\partial y} & \frac{\partial}{\partial z} \\ x^2 + y & x - y & 0 \end{vmatrix} = (1 - 1)\vec{k} = \vec{0}$

3) $\overrightarrow{rot}\,\vec{F} = \vec{0} \Rightarrow$ la force $\vec{F}$ est conservative

4) Nous cherchons la fonction potentielle associée à la force $\vec{F}$

$$\vec{F} = -\vec{\nabla} E_p \Rightarrow \begin{cases} F_x = -\frac{\partial E_p}{\partial x} & (2) \\ F_y = -\frac{\partial E_p}{\partial y} & (3) \end{cases}$$

À partir de l'équation (2), nous trouvons:

$$E_p = -\int F_x dx = -\int (x^2 + y)dx = -\frac{x^3}{3} - xy + c(y)$$

En substituant dans (3), nous trouvons: $c(y) = \frac{y^2}{2} + c$

Donc : $E_p = \int (x^2 + y)dx = -\dfrac{x^3}{3} - xy + \dfrac{y^2}{2} + c$.

Puisque $E_p(0,0) = 0$, nous avons $c = 0$, donc :

$E_p = -\dfrac{x^3}{3} - xy + \dfrac{y^2}{2}$

5) Étant donné que $\vec{F}$ est conservative, cela implique que $dW = -dE_p$.

Cela nous conduit à $W_{O \to A} = E_p(O) - E_p(A) = \dfrac{5}{6}$

Exercice 2

Une masse m est attachée à un ressort de constante de raideur k, dont l'autre extrémité est fixée au point C. La masse m peut se déplacer sur une surface horizontale.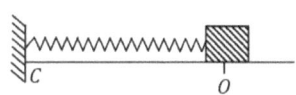

Initialement, la masse se trouve en repos en position d'équilibre O.

1) En supposant l'absence de frottement, si la masse m est déplacée du point O au point A tel que $OA = a$, calculer le travail effectué par la force de rappel du ressort lors de ce déplacement. Déterminer la vitesse de la masse m au point O.

2) Les mêmes questions que dans la première partie sont posées, mais cette fois-ci en tenant compte des frottements. Le coefficient de frottement dynamique μ_d est donné.

Corrigé :

1) Le travail effectué par la force de rappel le long du déplacement AO peut être exprimé comme suit :

$W_A^O(\vec{F}) = \int_a^0 \vec{F}.\vec{dl} = \int_a^0 (-kx\vec{i}).(dx\vec{i}) = \dfrac{ka^2}{2}$

Le déplacement de la masse se produit dans une direction perpendiculaire à la fois au poids $\vec{P}$ et à la réaction $\vec{N}$, ce qui se traduit par $W_A^O(\vec{N}) + W_A^O(\vec{P}) = 0$

En appliquant le théorème de l'énergie cinétique entre les points A et O, on a :

$\Delta E_C = E_C(O) - E_C(A) = \sum W_A^O(\vec{F}_{ext}) = W_A^O(\vec{F}) + W_A^O(\vec{N}) + W_A^O(\vec{P})$

Cela implique :

$$\frac{1}{2}mv_O^2 - \frac{1}{2}mv_A^2 = \frac{ka^2}{2}$$

Ce qui donne :

$$v_O = a\sqrt{\frac{k}{m}}$$

2) En appliquant le théorème de l'énergie cinétique en présence de forces de frottement, entre les points A et O, nous obtenons:

$$\Delta E_C = E_C(O) - E_C(A) = \sum W_A^O(\vec{F}_{ext}) = W_A^O(\vec{F}) + W_A^O(\vec{N}) + W_A^O(\vec{P}) + W_A^O(\vec{f}_d)$$

Où le travail de la force de frottement est défini comme :

$$W_A^O(\vec{f}_d) = \int_a^0 \vec{f}_d \cdot \vec{dl} = \int_a^0 (f_d\vec{\imath}) \cdot (dx\vec{\imath}) = -af_d$$

Étant donné que $\mu_d = \frac{f_d}{N} = \frac{f_d}{P}$, nous pouvons écrire :

$$\frac{1}{2}mv_O^2 = \frac{ka^2}{2} - a\,\mu_d mg$$

Cela nous conduit à :

$$v_O = a\sqrt{\frac{k}{m} - \frac{2\mu_d g}{a}}$$

Exercice 3

Un mobile M de masse m se déplace sur le trajet représenté sur la figure ci-dessous.

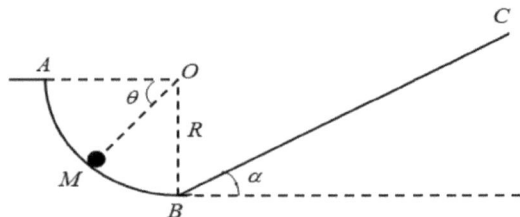

A l'instant $t = 0$, il est placé au point A, sans vitesse initiale. On suppose que le mouvement sur le parcours AB soit sans frottement, mais sur BC, il existe une force de frottement constante $\vec{f}$.

1) Donner l'expression de la vitesse v_M au point (M) à l'aide du théorème de l'énergie cinétique.

2) La particule s'arrête sur le parcours BC au point M'. Calculer la distance d parcourue par la particule.

On donne : Le coefficient de frottement dynamique $\mu_d = 0,3$; $R = 0,16\ m$; $\alpha = \dfrac{\pi}{6}\ rad$

Corrigé :

1) En appliquant le théorème de l'énergie cinétique, entre les points A et M, nous obtenons:

$$\Delta E_C = E_C(M) - E_C(A) = \sum W_A^M(\vec{F}_{ext}) = W_A^M(\vec{N}) + W_A^M(\vec{P})$$

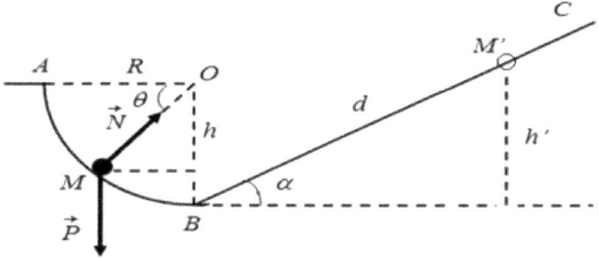

Cela entraîne que :

$$\frac{1}{2}mv_M^2 = W_A^M(\vec{P}) = mgh = mgR\sin\theta \Rightarrow v_M = \sqrt{2gR\sin\theta}$$

2) Pour déterminer la distance parcourue par la particule sur BC, nous suivons les étapes suivantes :

Tout d'abord, nous calculons la vitesse de la particule au point B, qui correspond à la vitesse du point M pour $\theta = \dfrac{\pi}{2}$, soit $v_B = \sqrt{2gR}$

Supposant que la particule s'arrête au point M' sur le parcours BC, nous appliquons le théorème de l'énergie cinétique entre les points B et M' :

$$\Delta E_C = E_C(M') - E_C(B) = \sum W_B^{M'}(\vec{F}_{ext}) = W_B^{M'}(\vec{N}) + W_B^{M'}(\vec{P}) + W_B^{M'}(\vec{f})$$

Nous avons alors :

$E_C(B) = mgh' + fd$, Où $h' = d \sin \alpha$ d'après la figure ci-dessus.

Ainsi, nous savons que :

$f = \mu_d N = \mu_d mg \cos \alpha$

Par conséquent :

$$\frac{1}{2}mv_B^2 = mgd \sin \alpha + \mu_d mg\, d \cos \alpha$$

$$\Rightarrow v_B^2 = 2g(\sin \alpha + \mu_d \cos \alpha)d$$

$$\Rightarrow d = \frac{v_B^2}{2g(\sin \alpha + \mu_d \cos \alpha)} = \frac{2gR}{2g(\sin \alpha + \mu_d \cos \alpha)}$$

Cela nous donne :

$$d = \frac{R}{(\sin \alpha + \mu_d \cos \alpha)} = \frac{0{,}16}{\sin \frac{\pi}{6} + \mu_d \cos \frac{\pi}{6}} = 0{,}21 m$$

 # Oscillateurs Mécaniques

V.1 Introduction

Les oscillateurs mécaniques constituent un domaine fascinant de la physique et de l'ingénierie, avec des applications allant des horloges aux technologies de pointe telles que les accéléromètres et les capteurs de vibration. Ces systèmes, caractérisés par leur mouvement périodique autour d'une position d'équilibre, jouent un rôle essentiel dans de nombreux aspects de notre vie quotidienne.

L'étude des oscillateurs mécaniques commence souvent par l'examen des oscillations simples d'un système massif attaché à un ressort, appelé oscillateur harmonique. Ce modèle de base permet de comprendre des phénomènes oscillatoires plus complexes rencontrés dans diverses applications. Les oscillateurs mécaniques peuvent également se manifester dans des systèmes composés de pendules, de membranes vibrantes, de systèmes de suspension dans les véhicules, et bien plus encore.

L'une des caractéristiques les plus importantes des oscillateurs mécaniques est leur capacité à osciller avec une fréquence propre déterminée par les propriétés du système, telles que sa masse et sa raideur. Cette fréquence propre, associée à la période des oscillations, est cruciale pour la conception et le fonctionnement efficace des dispositifs oscillants.

En plus de leur importance pratique, les oscillateurs mécaniques sont également étudiés en profondeur dans le cadre de la physique théorique, offrant des insights sur des concepts fondamentaux tels que l'énergie, la dynamique des systèmes non linéaires et la théorie du chaos.

V.2 Oscillateur harmonique

Un oscillateur harmonique est défini comme un système dont le paramètre ou degré de liberté $x(t)$ peut être exprimé par l'équation :

$x(t) = x_m \cos(\omega t + \varphi)$.

En termes simples, $x(t)$ représente l'élongation ou la position à un moment donné t, x_m est l'élongation maximale ou l'amplitude, φ est la phase à l'origine, ω est la pulsation du mouvement, et $\omega t + \varphi$ représente la phase à l'instant t.

La période T des oscillations est le temps nécessaire à l'oscillateur pour revenir à une position identique, indépendamment de la position initiale. Mathématiquement, la période T est définie comme suit :

il existe un T tel que pour tout instant t, $x(t + T) = x(t)$

Il est courant de représenter la position d'un oscillateur par un nombre complexe (figure V.1) ou, de manière équivalente, par la représentation de Fresnel

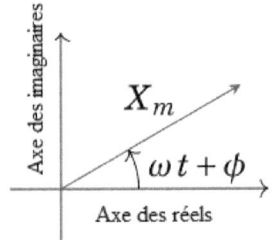

Figure V.1 Représentation graphique de l'élongation instantanée d'un oscillateur dans le plan complexe

La position instantanée $x(t)$ de l'oscillateur est exprimée comme la partie réelle du nombre complexe $\tilde{x}$ défini par :

$\tilde{x} = x_m e^{j(\omega t + \varphi)}$

Parfois, par simplification, il est courant de confondre ce nombre complexe $\tilde{x}$ avec la position instantanée $x(t)$ de l'oscillateur, ce qui conduit à écrire :

$x(t) = x_m e^{j(\omega t + \varphi)}$

La vitesse instantanée de l'oscillateur est alors donnée par :

$$v = \frac{dx}{dt} = x_m j\omega e^{j(\omega t+\varphi)} = x_m \omega e^{j(\omega t+\varphi+\frac{\pi}{2})}$$

On remarque que la vitesse est déphasée de $\pi/2$ par rapport à la position.

De manière similaire, l'accélération de l'oscillateur peut être calculée comme :

$$a = \frac{dv}{dt} = -x_m \omega^2 e^{j(\omega t+\varphi)} = x_m \omega^2 e^{j(\omega t+\varphi+\pi)}$$

Cette relation met en évidence que l'accélération de l'oscillateur est en opposition de phase avec l'amplitude.

De ce qui précède, il découle que l'équation différentielle du mouvement d'un oscillateur harmonique est donnée par :

$$\ddot{x} + \omega^2 x = 0$$

Tout système dont l'équation différentielle du mouvement est de cette forme est qualifié d'oscillateur harmonique.

V.3 Exemples d'oscillateurs harmoniques

V.3.1 Pendule élastique horizontal

Nous examinons le déplacement d'une masse m attachée à un ressort de constante de raideur k, libre de tout frottement, sur un plan horizontal (voir figure V.2).

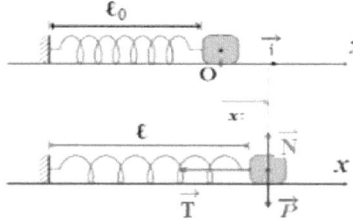

Figure V.2

Étant donné que le mouvement est rectiligne, nous analysons le système de la masse m dans le référentiel galiléen $R(O, x, y, t)$ avec la base $(\vec{\imath}, \vec{\jmath})$. Le point O représente la position d'équilibre de la masse m, avec le ressort initialement au repos.

Dans le référentiel d'étude, la force de pesanteur est compensée par la réaction du support puisqu'il n'y a pas d'accélération verticale. Pour le mouvement horizontal, la tension du ressort produit une force de rappel

$$\vec{T} = -k(l - l_0)\vec{\imath} = -kx\vec{\imath}$$

où l désigne la longueur du ressort. La position d'équilibre correspond donc à une longueur $l_{eq} = l_0$. On désigne par $x = l - l_{eq}$ l'allongement du ressort par rapport à la situation au repos. Dans ce cas, on a

$$\vec{T} = -kx\vec{\imath}$$

En appliquant le principe fondamental de la dynamique, nous obtenons :

$\sum \vec{F}_{ext} = m\vec{a} \Rightarrow \vec{P} + \vec{N} + \vec{T} = m\vec{a}$

Projection suivant $Ox \Rightarrow m\ddot{x} = -kx$

$$\Rightarrow \ddot{x} + \frac{k}{m}x = 0$$

Cette équation correspond à l'équation différentielle du mouvement d'un oscillateur harmonique. Sa solution est bien sur sinusoïdale :

$x(t) = A\cos(\omega_0 t + \varphi)$

Les constantes A et φ sont déterminées par les conditions initiales du système. Comme l'illustre la Figure V.3, le système oscille avec une amplitude A et à une fréquence, dite **fréquence propre**

$f_0 = \frac{\omega_0}{2\pi} = \frac{1}{2\pi}\sqrt{\frac{k}{m}}$

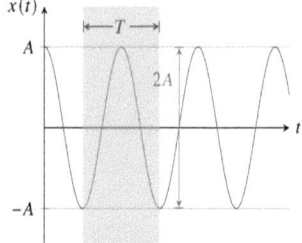

Figure V.3

On notera que la fréquence propre dépend des caractéristiques du pendule élastique (k et m), mais pas de l'amplitude des oscillations. Ce phénomène est appelé **d'isochronisme des oscillations**.

Du point de vue énergétique, cet oscillateur transforme l'énergie élastique en énergie cinétique et vice versa (figure V.4). L'énergie potentielle élastique vaut

$E_p = \frac{1}{2}kx^2 = \frac{1}{2}kA^2\cos^2(\omega_0 t + \varphi) =$

alors que l'énergie cinétique s'écrit

$$E_c = \frac{1}{2}m\dot{x}^2 = \frac{1}{2}kA^2\sin^2(\omega_0 t + \varphi)$$

On vérifie que l'énergie mécanique du pendule élastique $E_m = E_c + E_p = \frac{1}{2}kA^2$ reste constante puisque les forces qui travaillent sont conservatives.

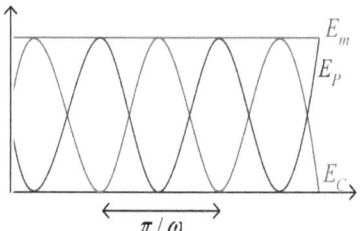

Figure V.4 Énergie potentielle, cinétique et mécanique d'un pendule élastique sans frottements

V.3.2 Pendule élastique vertical

Prenons maintenant en considération le même problème que précédemment, mais cette fois avec un pendule vertical. Le système en question comprend une masse ainsi que les forces extérieures appliquées $\vec{P}$ et $\vec{T}$. À l'état d'équilibre, le poids compense la tension du ressort (figure V.5), ce qui se traduit par :

$$\vec{P} + \vec{T_{éq}} = \vec{0} \Longrightarrow \left(mg - k(l_{éq} - l_0)\right)\vec{\imath} = \vec{0}$$

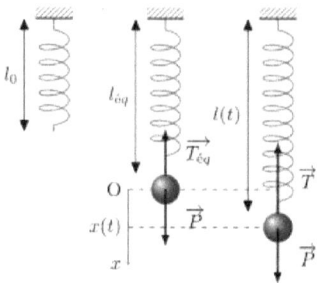

Figure V.5 Oscillations d'une masse suspendue à un ressort vertical

En mouvement, le poids ne compense plus la tension. L'origine O du mouvement est prise sur la position d'équilibre du ressort. L'application du principe fondamental de la dynamique nous mène à : $\sum \vec{F}_{ext} = m\vec{a} \Rightarrow \vec{P} + \vec{N} + \vec{T} = m\vec{a}$

Projection suivant l'axe du mouvement $\Rightarrow m\ddot{x} = -k(l - l_0) + mg$

$$\Rightarrow m\ddot{x} = -k(x + l_{éq} - l_0) + mg$$

$$\Rightarrow m\ddot{x} = -kx - k(l_{éq} - l_0) + mg$$

En utilisant la condition d'équilibre du ressort, cela nous conduit à l'équation différentielle caractéristique du mouvement du pendule élastique :

$$\ddot{x} + \frac{k}{m}x = 0$$

Le mouvement a les mêmes caractéristiques que celles de l'oscillateur horizontal.

V.3.3 Pendule simple

Nous étudions un pendule simple composé d'une masse ponctuelle m suspendue à un fil de longueur l, tel qu'illustré dans la figure V.6. L'équation différentielle du mouvement est décrite par :

$$\ddot{\theta} + \frac{g}{l}\sin\theta = 0$$

Les détails de ce calcul sont fournis dans l'exercice 3 du chapitre III. Il est important de noter que cette équation caractérise un oscillateur anharmonique car elle n'est pas linéaire.

Lorsque θ est petit, au premier ordre en θ, nous avons $\sin\theta \approx \theta$. Dans cette approximation, l'équation devient linéaire et se réduit à :

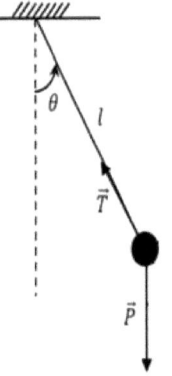

Figure V.6

$$\ddot{\theta} + \frac{g}{l}\theta = 0$$

Nous retrouvons ainsi une forme d'équation différentielle identique à celles rencontrées précédemment, démontrant ainsi que le pendule simple peut être assimilé à un oscillateur harmonique dans la limite des petites oscillations.

V.4 Oscillateur mécanique amorti

En pratique, la présence de frottements entraîne la dissipation de l'énergie initialement fournie à l'oscillateur. Ce phénomène se traduit par un amortissement qui peut se manifester de deux manières :

1-Soit par une réduction de l'amplitude des oscillations au fil du temps.

2-Soit par un retour à l'équilibre sans oscillation.

La modélisation des forces de frottement peut être plus ou moins complexe :

- Pour des frottements visqueux, une première approximation consiste à utiliser un modèle de frottement linéaire en fonction de la vitesse : $\vec{F} = -\alpha \vec{v}$
- Pour des frottements solides, les lois d'Amontons-Coulomb sur le frottement sont généralement utilisées.

Nous allons nous limiter ici à l'étude du pendule élastique horizontal en présence de frottements visqueux, modélisés par $F = -\alpha \dot{x}$, où α représente le coefficient de frottement. Nous étudions le système masse m dans le référentiel galiléen $R(O, x, t)$. Les forces externes appliquées comprennent le poids $\vec{P}$, la force de frottement $\vec{F}$, la tension du ressort $\vec{T}$ et la réaction du support $\vec{N}$ (figure V.7).

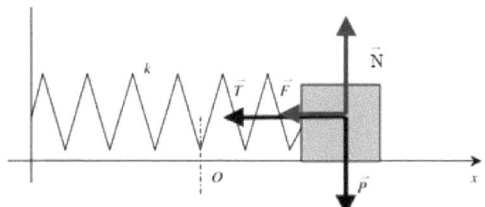

Figure V.7 Pendule élastique horizontal soumis à une force de frottement visqueux

L'application du principe fondamental de la dynamique, conduit à :

$$\sum \vec{F}_{ext} = m\vec{a} \Longrightarrow \vec{P} + \vec{F} + \vec{N} + \vec{T} = m\vec{a}$$

En projetant sur l'axe des x, nous obtenons :

$$m\ddot{x} = -kx - \alpha\dot{x} \Longrightarrow \ddot{x} + \frac{\alpha}{m}\dot{x} + \frac{k}{m} = 0$$

et, si l'on pose :

$\omega_0 = \sqrt{\frac{k}{m}}$ et $2\lambda = \frac{\alpha}{m}$

L'équation du mouvement se réécrit alors comme suit :

$\ddot{x} + 2\lambda \dot{x} + \omega_0^2 = 0$ (V.1)

Il s'agit de l'équation caractéristique d'un oscillateur harmonique linéairement amorti. En comparaison avec l'oscillateur harmonique, on remarque l'apparition d'un terme supplémentaire $(2\lambda \dot{x})$, désigné comme terme dissipatif, responsable de la dissipation d'énergie. Le coefficient λ est appelé coefficient d'amortissement, et l'analyse dimensionnelle de l'équation montre que λ est homogène à l'inverse d'un temps. Fondamentalement, selon l'équation différentielle du mouvement, le comportement d'un oscillateur harmonique linéairement amorti est entièrement décrit par les valeurs de ω_0 et λ.

L'équation (V.1) admet des solutions de la forme $x(t) = e^{rt}$. En substituant dans l'équation différentielle on trouve que r doit vérifier l'équation caractéristique du second degré :

$r^2 + 2\lambda r + \omega_0^2 = 0$

dont le discriminant vaut $\Delta = 4(\lambda^2 - \omega_0^2)$. Suivant le signe du discriminant, on distingue trois régimes différents.

Régime pseudo-périodique : $\lambda < \omega_0$ – Dans ce cas, le discriminant de l'équation caractéristique est négatif et les racines sont complexes :

$r = -\lambda \pm i\omega$ avec $\omega^2 = \omega_0^2 - \lambda^2$

La solution réelle est donc de la forme

$x(t) = e^{-\lambda t}(A \sin \omega t + B \cos \omega t) = C e^{-\lambda t} \cos(\omega t + \varphi)$

Ici, $x(t)$ représente la position de l'oscillateur, exprimée comme le produit de deux termes distincts. Le premier terme est une fonction exponentielle décroissante, qui décrit l'enveloppe du mouvement de l'oscillateur. Cette décroissance est gouvernée par $\lambda = \alpha/2m$, reflétant le degré d'amortissement du mouvement. Lorsque α est nul, le mouvement est non amorti, et la solution se réduit à celle de l'oscillateur harmonique.

Le deuxième terme, un cosinus, traduit la périodicité du mouvement en l'absence d'amortissement. Cependant, avec l'amortissement, le mouvement n'est plus périodique, car à la fin de chaque période T, l'oscillateur n'atteint pas la même position initiale, ce qui signifie que $x(t) \neq x(t + T)$. On parle alors de pseudopériode, et le mouvement est qualifié de pseudopériodique. La pseudopériode est définie comme suit:

$$T = \frac{2\pi}{\sqrt{\omega_0^2 - \lambda^2}}$$

Là encore, la pseudopériode reste indépendante de l'amplitude initiale. Cependant, il est important de remarquer l'impact des frottements, qui se manifeste par une augmentation de la pseudopériode à mesure que λ augmente.

La figure V.9 illustre l'évolution de l'élongation x d'un ressort pour un pendule élastique amorti par frottement visqueux en régime pseudopériodique.

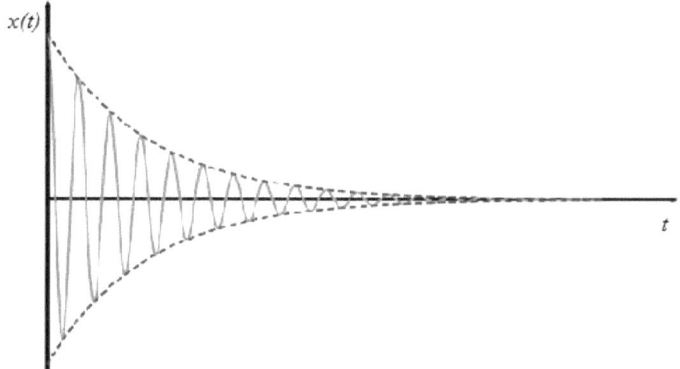

Figure V.8 Mouvement d'un oscillateur amorti en régime pseudopériodique

Régime critique : $\lambda = \omega_0$ – Dans ce cas, Le discriminant de l'équation caractéristique est nulle et la racine est double : $r = -\lambda$. La solution s'écrit alors
$x(t) = e^{-\lambda t}(A + Bt)$

Le terme "régime critique" est utilisé pour désigner un niveau d'amortissement critique où l'on observe une transition du régime pseudopériodique vers un état où les oscillations cessent entièrement. Les valeurs des constantes A et B sont fixées en fonction des conditions initiales du mouvement.

Dans la pratique, ce régime revêt une importance significative. Lorsqu'il est atteint, l'oscillateur retourne à sa position d'équilibre en un temps minimal. C'est pourquoi ce régime est exploité dans la conception des systèmes d'amortissement, dont le but est de supprimer les oscillations d'un oscillateur.

Figure V.9 Mouvement d'un oscillateur amorti en régime critique

Régime apériodique : $\lambda > \omega_0$ – Le discriminant de l'équation caractéristique est positif et les solutions sont réelles :

$$r_\pm = -\lambda \pm \sqrt{\lambda^2 - \omega_0^2}$$

La solution est donc

$$x(t) = e^{-\lambda t}(A e^{\sqrt{\lambda^2 - \omega_0^2}\, t} + B e^{-\sqrt{\lambda^2 - \omega_0^2}\, t})$$

Comme les deux racines sont négatives, les deux termes exponentiels décroissent : l'oscillateur atteint l'équilibre sans osciller, et ce processus se déroule d'autant plus lentement que l'amortissement est fort. En résumé, nous pouvons retenir les points suivants : plus l'amortissement est important, moins il y a d'oscillations. Un oscillateur perturbé continuera à osciller si le coefficient d'amortissement est inférieur à un certain seuil ($\lambda < \omega_0$).

La figure V.10 présente un récapitulatif de l'évolution de l'élongation d'un ressort amorti en trois régimes. Elle met en lumière la différence entre le mouvement critique et le mouvement apériodique, démontrant que l'oscillateur retourne plus vite vers sa position d'équilibre en régime critique.

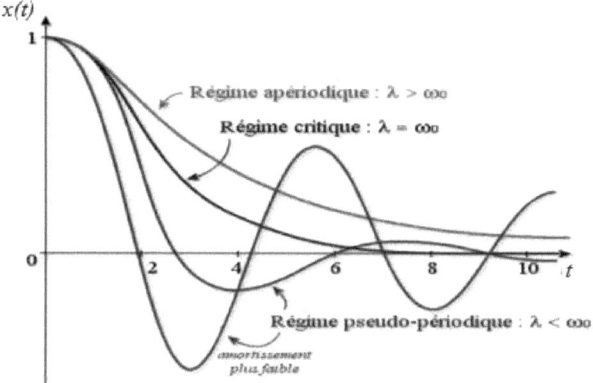

Figure V.10 Mouvement d'un oscillateur amorti en régime apériodique, en régime critique et en régime pseudopériodique.

V.5 Décrément logarithmique

Le décrément logarithmique est une mesure employée pour évaluer l'amortissement d'un système oscillant ou vibratoire. Il se définit comme le logarithme du rapport entre l'amplitude d'une oscillation et celle de l'oscillation suivante, lorsque le système traverse une série de cycles. Plus précisément, le décrément logarithmique D est donné par la formule :

$$D = ln\frac{A_1}{A_2} = ln\frac{A(t_1)}{A(t_1 + T)}$$

Il caractérise la diminution relative de l'amplitude de l'oscillation au cours d'une période (figure V.11).

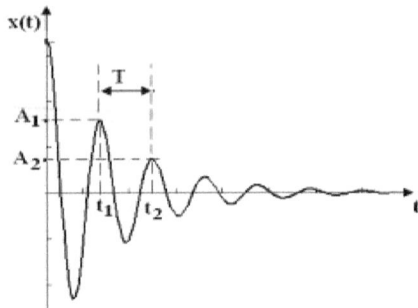

Figure V.11

En remplaçant les formules des amplitudes, on obtient à :

$D = \lambda T$

Où λ est le coefficient d'amortissement et T est la pseudo période

En pratique, le décrément logarithmique permet de mesurer l'atténuation des oscillations dans le temps. Un décrément logarithmique plus élevé signifie un amortissement plus important, ce qui conduit à une atténuation plus rapide des oscillations. En revanche, un décrément logarithmique plus faible indique un amortissement moindre, ce qui résulte en des oscillations prolongées.

V.6 Oscillations forcées

L'amortissement des oscillations découle d'une dissipation d'énergie mécanique. Pour maintenir ces oscillations malgré les pertes d'énergie, une source externe d'énergie est nécessaire, généralement sous forme d'une force excitatrice. Cette force supplémentaire est préférable qu'elle soit alignée avec le mouvement et idéalement dans le même sens. Nous allons analyser la réponse d'un système amorti à une excitation harmonique sinusoïdale provoquée par une force extérieure. Ce type d'excitation est fréquemment observé dans divers secteurs industriels tels que les machines tournantes, les moteurs, les pompes, etc

V.6.1 Équation différentielle du mouvement

Reprenons l'exemple du pendule élastique (par exemple, vertical). L'analyse est effectuée de manière similaire à celle décrite précédemment (section V.4), mais cette fois-ci en introduisant une force externe sinusoïdale F_{ext} appliquée à la masse m sous la forme $F_{ext} = F_0 \sin \omega t$. En outre, nous intégrons la présence de frottements visqueux via un amortisseur caractérisé par un coefficient de frottement α (voir la figure V.12)

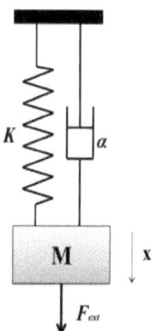

Figure V.12 pendule élastique soumis à une excitation sinusoïdale.

L'application de la relation fondamentale de la dynamique nous conduit à l'équation différentielle du mouvement suivante :

$$\sum \vec{F}_{ext} = m\,\vec{a} \Longrightarrow \vec{P} + \vec{F} + \vec{F}_{ext} + \vec{T} = m\,\vec{a}$$

Par projection sur l'axe du mouvement, nous obtenons l'équation différentielle suivante :

$m\ddot{x} = -k(l - l_0) + mg - \alpha \dot{x} + F_{ext}$
$m\ddot{x} = -k(x + l_{éq} - l_0) + mg - \alpha \dot{x} + F_{ext}$

À l'équilibre, le poids $\vec{P}$ de la masse m compense la tension $\vec{T}$ du ressort, donc :

$-k(l_{éq} - l_0) + mg = 0$

Cela permet de réécrire l'équation du mouvement comme suit :

$m\ddot{x} + \alpha \dot{x} + kx = F_{ext} = F_0 \sin \omega t$

Cette équation différentielle peut être réduite à la forme suivante :

$\ddot{x} + 2\lambda \dot{x} + \omega_0^2 = A_0 \sin \omega t$

Avec

$2\lambda = \frac{\alpha}{m}$, $\omega_0 = \sqrt{\frac{k}{m}}$ et $A_0 = \frac{F_0}{m}$

Il s'agit d'une équation différentielle linéaire avec un second membre sinusoïdal dont la solution se décompose en parties distinctes :

1- La première partie est la solution particulière, exprimée comme un signal sinusoïdal de pulsation ω. cela représente le régime permanent, souvent appelé le régime forcé.

2- La seconde partie, que nous nommons le régime transitoire, correspond à la solution de l'équation homogène. Nous avons observé qu'il existe trois régimes distincts en fonction de la valeur de λ. Dans tous les cas réalistes, la présence de termes dissipatifs, même faibles, conduit à l'extinction du régime transitoire (d'où son nom). Une fois cette période passée, seul le régime sinusoïdal forcé persiste.

Par la suite, nous supposons que le régime transitoire est entièrement dissipé et que seul persiste le régime forcé.

V.6.1.1 Solution de l'équation différentielle en régime forcé

La force excitatrice impose au système mécanique de suivre une évolution temporelle similaire à la sienne. Ainsi, si F_{ext} est une fonction sinusoïdale de pulsation ω ; alors la solution particulière $x_p(t)$ sera une fonction sinusoïdale de même pulsation ω. Les oscillations de la masse ne sont pas forcément en phase avec la force excitatrice et présente un déphasage noté φ. La solution particulière correspondant au régime forcé s'écrit dont :

$$x_p(t) = A\sin(\omega t + \varphi)$$

Pour des raisons pratiques, il est commode d'utiliser la représentation complexe. On écrit alors que :

$x_p(t) = Ae^{j(\omega t + \varphi)}$

$F_{ext} = F_0 e^{j\omega t}$

En transposant dans l'équation différentielle du mouvement il vient :

$\ddot{x} + 2\lambda \dot{x} + \omega_0^2 = A_0 \sin \omega t$

$Ae^{j(\omega t + \varphi)}(\omega_0^2 - \omega^2 + 2j\omega\lambda) = A_0 e^{j\omega t}$

En simplifiant par la partie dépendante du temps on aboutit à :

$Ae^{j\varphi}(\omega_0^2 - \omega^2 + 2j\omega\lambda) = A_0$

De cette équation complexe on peut tirer la valeur de A et de φ. En prenant le module de l'équation, nous obtenons :

$$A(\omega) = \frac{A_0}{\sqrt{(\omega_0^2 - \omega^2)^2 + (2\omega\lambda)^2}}$$

En raisonnant sur les arguments des nombres complexes, nous obtenons la valeur de la tangente de la phase φ :

$$\tan\varphi(\omega) = -\frac{2\omega\lambda}{(\omega_0^2 - \omega^2)}$$

Donc :

$$x_p(t) = \frac{A_0}{\sqrt{(\omega_0^2 - \omega^2)^2 + (2\omega\lambda)^2}} \sin\left(\omega t + \tan^{-1}\frac{-2\omega\lambda}{(\omega_0^2 - \omega^2)}\right)$$

Les expressions ci-dessus montrent que l'amplitude et la phase de l'oscillateur entretenu dépendent de la pulsation de l'excitateur.

V.6.1.2 Résonance d'élongation

Étudions maintenant l'évolution de l'amplitude des oscillations en fonction de la pulsation imposée par l'excitation. Nous rappelons le résultat précédent, qui décrit la solution particulière

$x_p(t) = A\sin(\omega t + \varphi)$ avec $A(\omega) = \frac{A_0}{\sqrt{(\omega_0^2 - \omega^2)^2 + (2\omega\lambda)^2}}$

En particulier, l'amplitude des oscillations atteint un maximum pour lequel la position est déterminée par l'équation suivante :

$$\frac{dA(\omega)}{d\omega} = 0$$

Le calcul de la dérivée ne pose pas de problème majeur et l'équation ci-dessus est vérifiée lorsque

$\omega^2 = \omega_0^2 - 2\lambda^2$

L'amplitude atteint donc un maximum non nul si la condition $\omega_0 > \sqrt{2}\lambda$ est satisfaite.

La Figure V.13 représente l'évolution de A en fonction de la pulsation pour différentes valeurs du coefficient d'amortissement λ. On constate que si l'amortissement est suffisamment faible, l'amplitude des oscillations passe par un maximum : c'est la résonance en élongation. Il est démontré sans difficulté que :

- la pulsation de résonance est $\omega_r = \sqrt{\omega_0^2 - 2\lambda^2}$
- La résonance se produit uniquement si le coefficient d'amortissement est inférieur à un certain seuil $\lambda < \frac{\omega_0}{\sqrt{2}} = \lambda_0$
- si $\lambda \ll \lambda_0$, la fréquence de résonance coïncide avec la fréquence propre : $\omega_r \approx \omega_0$
- plus l'amortissement est faible plus la résonance est aigüe.
- lorsque $\lambda = \lambda_0$, l'amplitude des oscillations vaut $a = A_0/\omega_0^2$ sur une grande plage de fréquence (à basse fréquence).
- Enfin, si $\lambda > \lambda_0$, le phénomène de résonance disparaît.

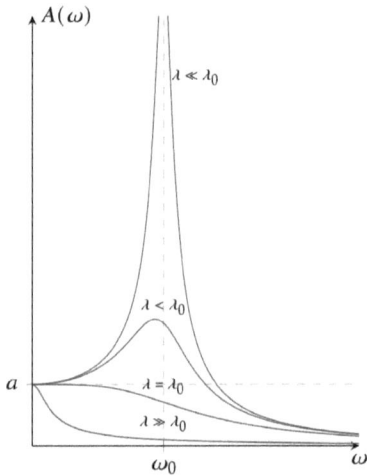

Figure V.13 Réponse fréquentielle de l'amplitude d'un oscillateur en fonction d'une excitation sinusoïdale

V.7 Exercices résolus

Exercice 1

Soit un système mécanique constitue d'une masse $M = 0.5\ kg$, d'un ensemble de ressorts et d'un amortisseur de coefficient de frottement $\alpha = 1\ kg/s$. (voir le schéma ci-dessous).

On donne : $K = 60\ N/m$, $x(0) = 0$, $\dot{x}(0) = 2\ m\ s^{-1}$

1- Simplifier le schéma en calculant le ressort équivalent.

2- Etablir l'équation différentielle du mouvement.

3- Déterminer la solution de l'équation différentielle pour le mouvement en cas d'amortissement faible.

4- Calculer le décrément logarithmique D.

5- Donner le nombre de périodes n pour lequel l'amplitude du mouvement devient 12% de sa valeur initiale.

Corrigé :

1- Le schéma équivalent et le ressort équivalent K_{eq} :

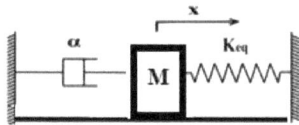

$$\frac{1}{K_{eq}} = \frac{1}{2K} + \frac{1}{2K} + \frac{1}{2K} \Rightarrow K_{eq} = \frac{2K}{3}$$

$$K_{eq} = \frac{2 \times 60}{3} = 40\ N/m$$

2- Les forces externes appliquées incluent le poids $\vec{P}$, la force de frottement $\vec{F} = -\alpha \dot{x}\ \vec{\imath}$, et la tension du ressort $\vec{T} = -K_{eq}(l - l_0)\vec{\imath} = -K_{eq}x\vec{\imath}$

En appliquant le principe fondamental de la dynamique et en le projetant sur l'axe du mouvement, nous obtenons :

$m\ddot{x} + \alpha \dot{x} + K_{eq}x = 0$

L'équation différentielle de système peut être réécrite comme:

$\ddot{x} + 2\lambda \dot{x} + \omega_0^2 = 0$

En identifiant les termes, nous trouvons que le coefficient d'amortissement λ est donné par $\frac{\alpha}{2m}$, , ce qui équivaut à $\frac{1}{2\times 0,5} = 1 s^{-1}$, et la pulsation propre ω_0 est $\sqrt{\frac{K_{eq}}{m}} = \sqrt{\frac{40}{0,5}} = 8,944 \, rad.s^{-1}$

3- La solution en régime de faible amortissement est sous la forme :

$x(t) = Ce^{-\lambda t}\sin(\omega t + \varphi)$

Avec :

La pseudo-pulsation ω définie comme $\sqrt{\omega_0^2 - \lambda^2} = \sqrt{80-1} = \sqrt{79} = 8,888 \, rad.s^{-1}$

La pseudo période T calculée comme $\frac{2\pi}{\omega} = 0,706 \, s^{-1}$

Les constantes C et φ sont déterminées en utilisant les conditions initiales :

$x(0) = 0 \Rightarrow \sin(\varphi) = 0 \Rightarrow \varphi = 0$

$\dot{x}(t) = -\lambda Ce^{-\lambda t}\sin(\omega t + \varphi) + C\omega e^{-\lambda t}\cos(\omega t + \varphi)$

$\Rightarrow \dot{x}(0) = C\omega = 2 \Rightarrow C = 2/\omega = 2/\sqrt{79}$

Ainsi, la solution est:

$x(t) = \frac{2}{\sqrt{79}} e^{-t}\sin(\sqrt{79}t)$

4- Le décrément logarithmique D est défini par:

$D = \lambda T = 0,706$

5- Le nombre de périodes n peut être calculé en utilisant la formule :

$D = \frac{1}{n}\ln\frac{A(t_1)}{A(t_1+T)} \Rightarrow n = \frac{1}{D}\ln\frac{A(t_1)}{A(t_1+T)} \Rightarrow n = \frac{1}{0,706}\ln\frac{100}{12}$

ce qui donne $n \approx 3$ oscillations

Exercice 2

Dans le système représenté dans la figure ci-dessous, un disque de masse négligeable et de rayon R peut tourner librement autour de son axe fixe. Une masse m, placée sur le plan horizontal, est reliée au disque par un fil inextensible et non glissant, ainsi qu'à un ressort de raideur K. De plus, un amortisseur de coefficient α est attaché au disque. Une excitation sinusoïdale $F(t) = F_0 \sin \omega t$ est appliquée à la masse m.

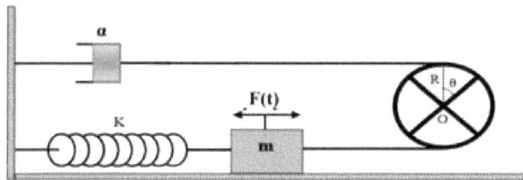

1- Ecrire l'équation différentielle en x pour ce système et donner sa solution (On cherche une solution de forme $x = A \sin(\omega t + \varphi)$).

2- En déduire la pulsation de résonance ω_r.

3- Représenter graphiquement la variation de l'amplitude A en fonction de ω.

4- Si On enlève l'amortisseur, Que ce passe-t-il lorsque la valeur de $\omega = \omega_r$?

Corrigé :

1- Les forces externes appliquées comprennent le poids, la force de frottement, la tension du ressort, la réaction du support, ainsi que la force externe

Par projection sur l'axe du mouvement, cela conduit à l'équation différentielle suivante :

$m\ddot{x} = -k(l - l_0) - \alpha \dot{x} + F(t)$

Cela nous permet de réécrire l'équation du mouvement comme suit :

$m\ddot{x} + \alpha \dot{x} + kx = F_0 \sin \omega t$

Cette équation différentielle peut être simplifiée à la forme suivante :

$\ddot{x} + 2\lambda \dot{x} + \omega_0^2 = A_0 \sin \omega t$

Avec :

$\lambda = \frac{\alpha}{2m}$, $\omega_0 = \sqrt{\frac{k}{m}}$ et $A_0 = \frac{F_0}{m}$

La solution est donnée en régime forcé par :

$x(t) = A\sin(\omega t + \varphi)$

Avec

$$A(\omega) = \frac{A_0}{\sqrt{(\omega_0^2 - \omega^2)^2 + (2\omega\lambda)^2}}$$

Et :

$$\varphi = \tan^{-1}\frac{-2\omega\lambda}{(\omega_0^2 - \omega^2)}$$

2- la pulsation de résonance ω_r est définie comme la valeur pour laquelle l'amplitude atteint son maximum.

L'amplitude $A(\omega)$ est maximal si : $\frac{dA(\omega)}{d\omega} = 0$

$$\frac{dA(\omega)}{d\omega} = 0 \Rightarrow \frac{d}{d\omega}\left[\frac{A_0}{\sqrt{(\omega_0^2 - \omega^2)^2 + 4\lambda^2\omega^2}}\right] = 0 \Rightarrow \frac{d}{d\omega}\left[\sqrt{(\omega_0^2 - \omega^2)^2 + 4\lambda^2\omega^2}\right] = 0$$

Cette condition, nous conduit à :

$$\omega_r = \sqrt{\omega_0^2 - 2\lambda^2}$$

3-La courbe illustrant $A(\omega)$ est présentée dans le schéma ci-dessous, où :

- $A(0) = \frac{A_0}{\omega_0^2}$
- $A(\omega_r) = \frac{A_0}{2\lambda\sqrt{\omega_0^2 - \lambda^2}}$
- $\lim\limits_{\omega \to \infty} A(\omega) = 0$

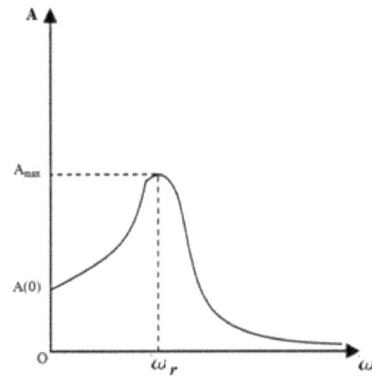

4- Si on enlève l'amortisseur : $\lambda = 0 \Rightarrow \omega_r = \omega_0$.

$$A(\omega_r) = A(\omega_0) = \lim_{\omega \to \omega_0} \frac{A_0}{|\omega_0^2 - \omega^2|} = \infty$$

L'amplitude diverge vers l'infini signifie que le système se casse. Ceci est représenté dans la figure ci-dessous.

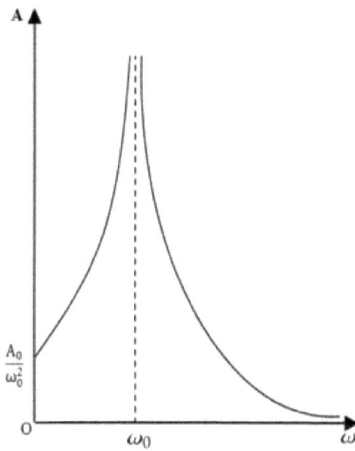

Bibliographie

[1] Alain Gibaud, Michel Henry, Cours de physique mécanique du point, Dunod, Paris, 2007

[2] Jimmy Roussel, Cours de physique mécanique classique, femto-physique.fr/mecanique, 2021

[3] Michel Henry, Nicolas Delorme, Mini Manuel de Mécanique du point: Cours et exercices corrigés, Dunold, 2008.

[4] Murray R. Spiegel, Série Schaum Mécanique générale cours et problème, McGraw-Hill Inc. New York, 1972.

[5] Fadila Belkharroubi, mécanique du point matériel, Edité par la Faculté de Physique USTO. Algérie, 2023

[6] Ahmed Fizazi, Cahier de la Mécanique du Point Matériel, OPU, Algérie, 2013.

[7] Lamria Benallegue, Mohamed Debiane, Azzeddine Gourari, Ammar Mahamdia, Physique I Mécanique du Point Matériel, Edité par la Faculté de Physique U.S.T.H.B. Algérie, 2011.

[8] Hadjri Mebarki Soria, Physique générale : Cinématique du point matériel, OPU, Algérie, 2016.

I want morebooks!

Buy your books fast and straightforward online - at one of world's fastest growing online book stores! Environmentally sound due to Print-on-Demand technologies.

Buy your books online at
www.morebooks.shop

Achetez vos livres en ligne, vite et bien, sur l'une des librairies en ligne les plus performantes au monde!
En protégeant nos ressources et notre environnement grâce à l'impression à la demande.

La librairie en ligne pour acheter plus vite
www.morebooks.shop

info@omniscriptum.com
www.omniscriptum.com

Printed by Books on Demand GmbH, Norderstedt / Germany